W0041638

EHRLICH
MOTIVIERT

POSITIVES TRAINING MIT PFERDEN

[Foto: Nadine Solomb]

Sylvia Czarnecki

EHRLICH
MOTIVIERT

POSITIVES TRAINING MIT PFERDEN

Ein Leitfaden für ein respektvolles
Miteinander von Mensch und Pferd
auf der Basis von positiver Verstärkung

Autorin und Verlag haben den Inhalt dieses Buches mit
großer Sorgfalt und nach bestem Wissen und Gewissen
zusammengestellt. Für eventuelle Schäden an Mensch
und Tier, die als Folge von Handlungen und/oder ge-
fassten Beschlüssen aufgrund der gegebenen Informationen entstehen, kann dennoch keine Haftung
übernommen werden.

Sicherheitstipps:

In diesem Buch finden Sie Fotos, die den Anschein
erwecken, die Pferde würden ohne Seil oder nur mit
Halsring in der freien Natur gearbeitet werden. Tatsächlich jedoch sind alle veröffentlichten Fotos in gesicher-
ter Umgebung entstanden. Bitte vergessen Sie nicht,
dass auch gut ausgebildete Pferde Fluchttiere sind und
bei Gefahr instinktiv reagieren. Übernehmen Sie
Verantwortung für Ihr Pferd und Unbeteiligte und
arbeiten Sie niemals ohne entsprechende Sicherheits-
vorkehrungen.
Achten Sie beim Reiten bitte immer auf entsprechende
Sicherheitsausrüstung: Reithelm, Reitstiefel/-schuhe,
Reithandschuhe und gegebenenfalls eine Sicherheits-
weste.

IMPRESSUM

Copyright © 2016 by Cadmos Verlag, Schwarzenbek

Gestaltung und Satz: www.ravenstein2.de
Fotos: Nadine Golomb, Friederike Scheytt
Lektorat: Almut Schmidt

Druck: Westermann Druck, Zwickau

Deutsche Nationalbibliothek - CIP-Einheitsaufnahme
Die Deutsche Nationalbibliothek verzeichnet diese
Publikation in der Deutschen Nationalbibliografie;
detaillierte bibliografische Daten sind im Internet über
http://dnb.ddb.de abrufbar.

Alle Rechte vorbehalten.

Abdruck oder Speicherung in elektronischen Medien
nur nach vorheriger schriftlicher Genehmigung durch
den Verlag.

Printed in Germany

ISBN: 978-3-8404-1065-9

INHALT

INHALT

Achtung und Respekt durch positives Pferdetraining.
(Foto: Nadine Golomb)

EINLEITUNG

Im Ausbildungs- und Methodendschungel der Pferdewelt fällt es uns manchmal schwer, den Überblick zu behalten. Es tummeln sich jede Menge Trainer, die jeweils ihr eigenes Konzept propagieren und lehren. Nach dem Motto „Wer heilt, hat recht", wird die Anwendung von Druck in der Pferdeausbildung meist damit begründet, dass die Methode doch funktioniert und das Pferd mehr oder weniger schnell lernt, ein gewünschtes Verhalten zu zeigen. Die Frage, warum etwas funktioniert, bleibt häufig auf der Strecke. Dabei ist gerade diese Frage eine der wichtigsten, wenn es darum geht, Pferde artgerecht auszubilden. Würde man das Pferd fragen: „Warum reagierst du so?", würde man bei konventionellen Ausbildungsmethoden über Druck wohl meist: „Weil mir nichts anderes übrig bleibt" als Antwort erhalten.

Trainer, die sich auf „natürliche" Ausbildungsmethoden berufen, gehen häufig davon aus, dass sich Pferde untereinander nicht belohnen und es daher nicht natürlich sei und nicht funktionieren würde, ein Pferd über Belohnung zu trainieren. Aus diesem Grund arbeiten sie überwiegend über den Aufbau von Druck, der bei gewünschter Reaktion des Pferdes nachlässt. Das Pferd soll lernen, den natürlichen Oppositionsreflex (Druck erzeugt Gegendruck) zu überwinden. Reagiert das Pferd nicht wie gewünscht, wird der Druck aufrechterhalten oder in der Regel sogar erhöht, bis das Pferd reagiert. Das Pferd lernt, dass es die Situation nur beenden kann, indem es eine entsprechende Reaktion zeigt. Üblich ist auch der Gedanke, der Mensch müsse eine ranghöhere Position einnehmen, damit das Pferd ihm respekt- und vertrauensvoll folgen könne.

Auch in der klassischen, konventionellen Ausbildung geht man davon aus, dass man zunächst einen entsprechenden (unangenehmen) Reiz setzen muss, damit das Pferd überhaupt eine Reaktion zeigt. Die häufigste Lösung bei Nichtreagieren des Pferdes ist noch immer das Anwenden von Druck oder sogar Strafe, um das Pferd zu einer Reaktion zu veranlassen.

Mit dem wachsenden Interesse an alternativen Ausbildungsmethoden hat erfreulicherweise auch das Interesse an Hintergrundinformationen zugenommen. Während insbesondere im Hundesport Trainingsmethoden, die auf dem natürlichen Lernverhalten der Tiere basieren, fast schon gang und gäbe sind, steckt die Entwicklung in der Pferdewelt noch immer in den Kinderschuhen. Das Umdenken zu einer neuen, positiveren Form des Trainings fällt uns im traditionsreichen Pferdesport offenbar schwer.

Dabei geht es nicht darum, das Trainieren über Druck als nicht artgerecht zu verteufeln. Es ist keineswegs unnatürlich, doch dies hat zunächst nichts damit zu tun, wie sich Pferde untereinander verhalten. Die negative Verstärkung (Entfernen von Druck, wenn sich das Pferd entsprechend verhält) wird vom Pferd ebenso natürlich verstanden wie die positive Verstärkung, also das Hinzufügen einer Belohnung bei richtiger Reaktion. Grundlegend unterschiedlich ist jedoch die Motivation des Pferdes, mit der es die Lektionen ausführt. Während es im ersten Fall reagiert, weil es die als unangenehm empfundene Situation beenden will, reagiert es im Fall der positiven Verstärkung, weil es eine Belohnung für seine Bemühungen erwartet. Mit entsprechendem Training lässt sich jedoch auch moderater Druck zu einer für das Pferd verwertbaren Information ausbauen, ohne dass es diese als unangenehm empfindet. Durch logischen und strukturierten Trainingsaufbau und unter Einsatz von Belohnung lernt das Pferd, (physischen) Druck nicht mit Zwang gleichzusetzen, sondern als Information oder Signal zu erkennen. Wie bereits Paracelsus erkannte, trifft auch hier der Satz „Die Dosis macht das Gift" absolut zu.

Gerade weil weder die eine noch die andere Lernvariante unnatürlich ist, hängt es von Ihrer Einstellung ab, welche Sie wählen. Wie wichtig ist Ihnen die zuvor gestellte Frage nach dem „Warum?".

Stellt man die Frage nach der Motivation des Pferdes, wird man schnell merken, dass

Mit positiver Verstärkung artgerecht trainieren – nicht immer einfach, aber ehrlich!
(Foto: Nadine Golomb)

Pferde besonders engagiert sind, wenn man sie für ihre Leistung belohnt. In diesem Punkt unterscheiden sie sich wenig von uns Menschen. Und was böte sich im Fall der Pferde mehr an, als ihr immerwährendes natürliches Bedürfnis nach Fressen als Anreiz zu nutzen? Futter ist eine großartige Motivation für ein Pferd, uns unsere Wünsche schier von den Augen abzulesen. Doch zu seinem Leidwesen musste auch schon manch ein Pferdebesitzer feststellen, dass das Arbeiten mit Futterbelohnung alles andere als einfach ist. Nur allzu schnell wird Futter im Training zu einem stark unterschätzten Stressfaktor, wenn das Pferd sich nicht mehr konzentriert, den Menschen permanent nach Futter absucht oder gar anfängt zu beißen und aggressiv die Belohnung einfordert.

Dies sind ausdrücklich keine Nachteile der Arbeit mit Futterbelohnung, sondern vermeidbare Nebenerzeugnisse, die sich durch gutes Training beheben lassen. Schlechtes

Verhalten hat als Ursache immer „Fehler im System", denn Lernverhalten ist wie Schwerkraft ein Gesetz und keine Methode. Trainiere ich das Pferd korrekt, achte ich auf alle Details und baue das Training logisch auf, dann funktioniert das Arbeiten über Futter problemlos und mit all seinen positiven Effekten. Stellen Sie sich vor, wie großartig es ist, wenn das zunächst unhöfliche, bettelnde Pferd durch wenige Trainingsschritte dazu motiviert wird, Ihre Fragen mit „Ja" zu beantworten.

Zugegeben, artgerechtes Training ist eine Wissenschaft für sich, denn dafür bedarf es solider theoretischer Kenntnisse und entsprechender Vorbereitung. Ich möchte Ihnen nicht versprechen, dass dies alles kinderleicht sei, denn dieses Versprechen werde ich nicht halten können. Ohne sich mit den Hintergründen auseinanderzusetzen, werden Sie nicht dauerhaft zu einem entspannten, freudvollen Miteinander mit Ihrem Pferd gelangen.

Wenn Sie ein guter Trainer/eine gute Trainerin (im Folgenden beschränke ich mich aufgrund der besseren Lesbarkeit auf eine Form, gemeint sind aber stets Frauen und Männer!) für Ihr Pferd werden wollen, müssen Sie an sich arbeiten und Ihr Verhalten fortwährend reflektieren. Der Lohn für die Mühe ist jedoch unbezahlbar, denn ein zufriedenes, motiviertes Pferd, das mit uns in partnerschaftlicher Verbindung steht, ist schließlich das Ziel eines jeden verantwortungsvollen Pferdebesitzers.

Mit diesem Buch möchte ich Ihr Verständnis für einen guten Trainingsaufbau schulen und Ihnen die Werkzeuge für ein positives Pferdetraining an die Hand geben. Ich wünsche mir, dass Sie nicht nur bestimmte Übungen nachmachen, sondern das dahinterstehende Konzept in Ihren gesamten (Trainings-) Alltag integrieren. Denn Horsemanship bedeutet nicht, eine bestimmte Technik oder Methode anzuwenden, sondern das Lernverhalten des Pferdes zu verstehen und anzuerkennen und das Training gemäß seiner natürlichen Bedürfnisse zu gestalten; frei nach meinem Motto: „Ehrlich motiviert!"

Die Arbeit mit dem Pferd ist vor allem Arbeit an sich selbst. (Foto: Nadine Golomb)

(Foto: Nadine Golomb)

Das Pferd
ALS PARTNER

Als ich vor vielen Jahren anfing, mich mit Pferden auf eine andere Art und Weise zu beschäftigen, war das „alternative Bild" geprägt von dem Gedanken, das Pferd müsse sich dem Menschen unterordnen. Es solle den Menschen als Ranghöheren akzeptieren, nur dann könne dieser dem Pferd umgekehrt Sicherheit und somit Wohlgefühl vermitteln. Schließlich brauche ein Herdentier einen Anführer, um artgerecht behandelt und trainiert zu werden.

Heute vertreten Wissenschaftler und Ethnologen die Auffassung, dass eine Rangordnung zwischen Pferd und Mensch nicht existiert, da es diese nur innerhalb einer Tierart gibt. Und selbst die Hierarchie innerhalb einer Herde ist längst nicht so linear wie angenommen. Vielmehr geht es um die Verteidigung von Ressourcen, wenn es zu Auseinandersetzungen innerhalb der Herde kommt. Aber selbst hier gibt es selten ernsthafte Konsequenzen, denn grundsätzlich sind Pferde eher friedliebend und auf Harmo-

nie innerhalb der Gemeinschaft bedacht. Natürlich gibt es auch bei Pferden eher „dominante", selbstsichere Typen, oder aber solche, die sich eher unterordnen. Dies kann sich durchaus im Training mit ihnen widerspiegeln. Doch auch bei den Aufmüpfigen gilt, sie nicht durch mehr Druck zur Mitarbeit zu zwingen, sondern ihr Bedürfnis nach Verständnis zu berücksichtigen und ihnen Sicherheit vorzuleben. Sicherheit definiert sich nicht dadurch, dass Sie stets „das letzte Wort" haben, sondern dass Sie vorausschauend und souverän die richtigen Entscheidungen treffen. Wenn Sie Ihr Training kleinschrittig genug aufbauen, sodass das Pferd die Teilschritte versteht, wird es keine Notwendigkeit sehen, Ihre Entscheidungen zu hinterfragen. Es lohnt sich schließlich viel mehr, Ihre Ideen aufzugreifen und mitzuarbeiten, und es hat sich bewährt, auf Ihre souveräne, friedliche Führung zu vertrauen, selbst dann, wenn es einmal schwierig wird. Trotzdem ist das Wort „Dominanz" bis heute aus unserem Sprachgebrauch im Umgang mit dem Pferd nicht wegzudenken. Häufig hört man es dann, wenn ein Pferd nicht „funktioniert" oder sich widersetzt. Doch ein dominant wirkendes Pferd ist letztlich auch nur ein Pferd, das sich nicht wie gewünscht verhält – ein „unerzogenes" Pferd, das (noch) nicht gelernt hat, sich richtig zu verhalten.

Zwar ist das Pferd als Fluchttier für Körperspannung und -sprache empfänglich, diese jedoch wie gewünscht umzusetzen ist nicht angeboren, sondern wird erst durch entsprechendes Training erlernt. Das Pferd im Umgang mit uns zu schulen, ihm zu erklären, wie es sich uns gegenüber verhalten soll, ist stets Aufgabe des Menschen und sollte losgelöst von einer Rangordnungstheorie betrachtet werden. Zu häufig wird ausreichend Zeit, ein logischer Trainingsaufbau, gutes Timing und Belohnung durch die pauschale Anwendung von Druck ersetzt, statt an seinen Qualitäten als Trainer zu arbeiten. Dabei sind genau dies wichtige Voraussetzungen, um eine gute Beziehung zu seinem Pferd herzustellen. Wer hier nicht an seinen Fähigkeiten arbeitet, dem bleibt letztlich nur die Anwendung von Druck, um ein gewünschtes Verhalten zu erzielen.

Training mit positiver Verstärkung ist frei von Rangordnungstheorien und Dominanzgedanken. (Foto: Friederike Scheytt)

(Foto: Nadine Golomb)

(Foto: Nadine Golomb)

Lernverhalten VERSTEHEN

Wieso eigentlich lerntheoretisches Grundwissen?

Wollen wir unsere Pferde artgerecht trainieren, müssen wir uns zunächst einmal bewusst machen, wie Pferde lernen. Dabei ist es wichtig zu verstehen, dass Lernen nicht erst beginnt, wenn wir entscheiden, dass wir trainieren. Lernen beginnt in dem Moment, in dem wir mit dem Pferd kommunizieren – also schon bei der ersten Begegnung im Stall oder auf der Weide. Nimmt das Pferd beim Anblick des Menschen mit dem Halfter Reißaus, hat es schon etwas (Negatives) gelernt, obwohl die wenigsten dies bereits als Trainingssituation ansehen würden.

Der Psychologe Paul Watzlawick definierte einst Grundsätze, die im Umgang mit Lebewesen gelten. Sie besagen, dass ein Lebewesen nicht nichtkommunizieren, sich nicht nichtverhalten und nicht nichtlernen kann. Wer kommuniziert, verhält sich; wer sich verhält, der lernt auch. Selbstverständlich kann ich ein Pferd auch trainieren, ohne über

Hintergrundinformationen zu verfügen. Schließlich hat jeder aufgrund seines eigenen Verhaltens zumindest rudimentäre Kenntnisse über das Lernen. Doch zu wissen, wie ein Pferd lernt, hat viele Vorteile.

Wer weiß, wie er das Training pferdegerecht gestalten kann, trainiert effektiver. Er wird bessere und nachhaltigere Ergebnisse in kürzerer Zeit erreichen, ohne dass dies zulasten des Pferdes geht.

Zu verstehen, wie Motivation funktioniert und wie man mittels Belohnung das Training beeinflussen kann, ist nicht nur für das Pferd positiv, sondern auch für den Menschen, da er durch den Lernerfolg des Pferdes eine direkte Rückmeldung über seine Ausbilderqualitäten bekommt.

Frustration spielt häufig eine Rolle, wenn Mensch und Pferd ins Stocken geraten.

Wenn man verstanden hat, wie Lernen funktioniert, kann man das eigene Vorgehen immer wieder überprüfen und optimieren, sodass man sich beständig weiterentwickelt. Und nicht zuletzt wird klar, wie unerwünschtes Verhalten entsteht und wie man es vermeiden kann. So gebe ich dem Pferd die Möglichkeit, fehlerfrei zu lernen, und fordere und fördere es gemäß seinen natürlichen Fähigkeiten.

Wer weiß, wie Pferde lernen, übernimmt Verantwortung für die Ausbildung seines Vierbeiners. Denn wer verstanden hat, wie es funktioniert, wird den Trainingsalltag entsprechend gestalten und nichts mehr unbewusst „falsch" machen. Auch wenn es anfangs schwerfällt, ist es wie beim Fahrrad- oder Autofahren: Am Anfang muss man über alle Vorgänge noch viel nachdenken und braucht seine Zeit, doch irgendwann wird es zur Routine und gutes Training zur Selbstverständlichkeit.

Lernen dient der Optimierung des eigenen Zustands

Für das Pferd ist Lernen überlebenswichtig, denn Lernen dient stets der Optimierung des eigenen Zustands. Auch wenn uns die Vorstellung schmeichelt, das Pferd täte dieses oder jenes, um uns zu gefallen, so sind dies doch in erster Linie menschliche Vorstellungen. Das Pferd handelt ressourcenorientiert, denn in freier Wildbahn gilt es, keine Energie zu verschwenden. Macht ein Pferd also immer wieder den gleichen „Fehler", hat dies einen Grund und das Verhalten „lohnt" sich für das Pferd – das Pferd tut es keineswegs, um Sie zu ärgern.

Ein Pferd lernt sein ganzes Leben lang. Es nimmt mit seinen Sinnesorganen permanent die unterschiedlichsten Reize wahr. Diese

werden im Gehirn verarbeitet, und dort wird auch über eine entsprechende Reaktion entschieden. Während wir Menschen dazu fähig sind, insbesondere in unbekannten Situationen zu „abstrahieren", also bereits Gelerntes mit Neuem zu verknüpfen und abzuwägen, „um die Ecke" zu denken, so wird das Verhalten des Pferdes überwiegend durch Instinkt, vorherige Gewöhnung oder Konditionierung bestimmt.

Durch entsprechendes Training sind jedoch auch Pferde zu erstaunlichen Leistungen fähig.

Gutes Training ist keiner bestimmten Rasse vorbehalten und macht auch aus kleinen Pferden große Stars. (Foto: Nadine Golomb)

Gutes, pferdegerechtes Training macht Pferde cleverer und leistungsbereiter und lässt sie selbst komplexere Zusammenhänge verstehen. Pferde wachsen ebenso wie wir mit ihren Aufgaben.

Auch bei Tieren gibt es eine Reihe von Lernformen, die wir kennen sollten, da sie uns in der Kommunikation mit dem Pferd unterstützen.

Lernen durch Nachahmung und Stimmungsübertragung

Das Lernen durch Nachahmung wird oft auch als „Lernen durch Beobachten" beschrieben. Hierbei lernt das Pferd etwas Neues, indem es sich das Verhalten eines anderen Pferdes „abguckt". Die Voraussetzung dafür ist, dass mindestens ein weiteres Tier das erwünschte Verhalten bereits zeigt.

Dies funktioniert besonders gut, wenn die Pferde untereinander bekannt sind und die Lernsituation häufig wiederholt wird. Grundsätzlich ist zwar jedes Pferd dazu in der Lage, durch Nachahmung zu lernen, doch in der Praxis bietet sich diese Möglichkeit eher selten an.

Während sich das Lernen durch Nachahmung auf neue Verhaltensweisen bezieht, geht es bei der Stimmungsübertragung um bereits bekanntes Verhaltensrepertoire.

Es ist bekannt, dass sich Angst oder Stress von einem Tier auf das andere überträgt. In freier Natur bedeutet dies, dass ein hektisches, angsterfülltes Kopfheben eines Pferdes eine ganze Herde zur Flucht veranlassen

kann. Dieser Instinkt ist für das Pferd überlebenswichtig. Daher ist es wichtig, dass wir unsere Emotionen im Training gut kontrollieren können und dem Pferd durch unser souveränes Auftreten Sicherheit vermitteln, gerade wenn es einmal brenzlig wird. Pferde sind sehr feinsinnige Tiere und reagieren sensibel auf Stimmungen, insbesondere, wenn sie den Menschen an ihrer Seite gut kennen und gelernt haben, ihn einzuschätzen.

Gewöhnung und Sensibilisierung

Gewöhnung und Sensibilisierung spielen in unserem Alltag eine wichtige Rolle, sowohl in neuen als auch in altbekannten Situationen, zum Beispiel beim Einsprühen des Pferdes mit der Sprühflasche, beim Hängerfahren, selbst bei der (mangelnden) Reaktion auf Reiterhilfen ist das Prinzip von Gewöhnung und Sensibilisierung beteiligt.

GEWÖHNUNG

Gewöhnung, oder auch Desensibilisierung, ist eine schlaue Einrichtung der Natur. Hierbei lernt das Pferd, sein Verhalten auf einen wiederkehrenden Reiz zu ändern. Würde das Pferd ständig erschrecken, hätte es im Ernstfall keine Energiereserven mehr für die Flucht. Auch für uns ist es wichtig, das Pferd an unterschiedliche Situationen und Reize zu gewöhnen, denn je mehr das Pferd kennenlernt, desto gelassener wird es seinen Alltag meistern und desto besser kann es sich auf seine eigentlichen Aufgaben konzentrieren.

Vorausschauendes Training schützt vor „bösen Überraschungen".
(Foto: Friederike Scheytt)

Eine Gewöhnung stellt sich naturgemäß eher gegenüber schwachen oder neutralen Reizen ein. Das bedeutet, dass sich ein Pferd eher an Dinge gewöhnt, mit denen es noch keine besonderen und insbesondere unangenehmen Erfahrungen verknüpft, oder an Reize, die es zwar zunächst als tendenziell unangenehm, aber nicht als fluchtrelevant einstuft.

Gewöhnung ist darüber hinaus reizspezifisch. Das bedeutet, dass das Pferd nach einem erfolgreichen Gewöhnungsprozess zunächst nur gegenüber identischen Reizen keine Reaktion zeigt, bei ähnlichen Reizen jedoch wie vorher reagiert. Gewöhnen Sie Ihr Pferd also an eine blaue Plastiktüte, wird es möglicherweise vor einer roten Plastiktüte ebenso erschrecken wie anfangs noch vor der blauen. Aber: Je mehr Plastiktüten es kennt, desto weniger werden auch ähnliche Reize später ein Problem darstellen. Nach und nach findet eine Generalisierung statt, die dafür sorgt, dass Ihr Pferd auch ähnlichen Gefahrenquellen gelassen gegenübersteht.

Eine weitere Eigenschaft von Gewöhnung ist Reversibilität. Was kompliziert klingt, ist eigentlich ganz einfach: Wird die Erfahrung nicht regelmäßig aufgefrischt, stellt sich nach und nach die ursprüngliche Reaktion wieder ein. Es reicht nicht, das Pferd einmalig an einen Reiz zu gewöhnen, sondern es erfordert regelmäßiges Training, um die Gewöhnung aufrechtzuerhalten.

Schlechte Erfahrungen durch Schmerz oder Angst führen sogar schon einmalig dazu, die ursprüngliche Reaktion wiederherzustellen. Im schlimmsten Fall wird der Reiz nicht nur neutralisiert, sondern als unangenehm abgespeichert, sodass das Pferd in Zukunft auf diesen Reiz sensibilisiert ist. Dies lässt sich nur durch erneuten Trainingsaufwand beheben.

SENSIBILISIERUNG

Während das Pferd bei der Gewöhnung die Reaktion auf einen Reiz quasi „verlernt", wird es bei der Sensibilisierung empfänglicher für einen Reiz. Ein bisher eher unbedeutender Reiz erhält somit eine Bedeutung.

Ein solcher Sensibilisierungsprozess ist meist eine unbeabsichtigte, spontane Angelegenheit. Stellen Sie sich vor, Sie trainieren mit Ihrem Pferd in der Reithalle. Als Sie am Hallentor vorbeireiten, wird dieses geöffnet und eine am Tor liegende Decke fällt herunter. Ihr Pferd – und auch Sie – erschrickt ganz fürchterlich, Ihr Pferd springt zur Seite.

Weil Sie reflexartig die Zügel aufnehmen, bekommt Ihr Pferd noch einen schmerzhaften Ruck im Maul. „Dumm gelaufen!", denken Sie sich, während die Sache für Ihr Pferd noch längst nicht abgeschlossen ist.

In den folgenden Einheiten ist es in der Halle angespannt, und plötzlich hat es Angst, wenn die Tür sich öffnet oder Dinge über der Bande hängen. Durch die unangenehme, angsterfüllte Erfahrung und den schmerzhaften Ruck im Maul hat Ihr Pferd all diese vorher harmlosen Umgebungsreize als „potenziell gefährlich" eingestuft. In diesem Fall kann man fast von Glück sprechen, dass nur die Umgebung als solche eingestuft wurde. Grundsätzlich können wir nämlich nicht beeinflussen, welche Reize bei einer solch unvorhergesehenen Sensibilisierung unangenehm belegt werden. Das Pferd könnte ebenso uns, eine andere Person, das Gerittenwerden, die Ausrüstungsgegenstände oder andere Dinge als unangenehm oder gefährlich einstufen.

In der Regel erledigt sich ein solches Problem innerhalb einiger Trainingseinheiten, weil das Pferd feststellt, dass von den Dingen keine Gefahr (mehr) ausgeht. Das Pferd gewöhnt sich daran. (Na? Erkennen Sie den Zusammenhang zwischen Gewöhnung und Sensibilisierung?)

Während eines Sensibilisierungsprozesses steigt der Erregungslevel des Pferdes, Adrenalin wird freigesetzt, das Pferd ist gestresst. Dadurch wird es auch für Reize empfänglicher, die bisher unproblematisch waren. Das Frühwarnsystem des Pferdes ist aktiv und warnt es vor jeder noch so kleinen Gefahrenquelle.

Sensibilisierungsprozesse sind nicht willentlich beeinflussbar. Das Einzige, was in einer solchen Situation hilft, ist Ruhe bewahren und dem Pferd durch die vermeintliche Gefahrensituation helfen. Dazu ist es gut, wenn man auf gelerntes Verhalten zurückgreifen kann, das man unter Signalkontrolle gestellt hat (zum Beispiel das Kopfsenken oder das Berühren der „Gefahr"). Insbesondere positiv konditionierte Signale eignen sich wunderbar, um das Pferd in solchen Situationen wieder „zurückzuholen". Lernen an sich ist in einer Stresssituation nur sehr eingeschränkt möglich, da das Gehirn in einem solchen Moment auf instinktive Verhaltensprogramme fokussiert ist.

DESENSIBILISIERUNG IN DER PRAXIS

Doch wie genau gewöhne ich mein Pferd am besten an etwaige Gespenster? In meinen Seminaren sage ich an dieser Stelle immer folgenden Satz: „Bitte knoten Sie keine Plastiktüte in den Schweif Ihres Pferdes und warten, bis es sich daran gewöhnt hat!" An dieser Stelle wird zunächst gelacht, bis ich die Teilnehmer in die traurige Pferderealität zurückhole: Tatsächlich wird sehr häufig nach genau diesem Muster gearbeitet. Ein gutes Beispiel dafür ist der Umgang mit der Sprühflasche. Viele Pferde haben Angst vor dem Einsprühen. Am Anfang des Sommers findet das Pferd das schon nicht sonderlich angenehm und zappelt nervös herum. Dafür wird es nun gestraft oder ermahnt, schließlich soll es still stehen. Dass es dabei nur aus Furcht vor der Ermahnung still steht, statt seine Angst zu verlieren, wird häufig nicht bemerkt.

Für das Pferd ist dies eine Stresssituation, denn sein natürlicher Instinkt fordert es eigentlich dazu auf, zu flüchten, um nicht gefressen zu werden. Das mag für Sie jetzt vielleicht seltsam klingen, denn schließlich sind unsere Hauspferde seit Jahrhunderten domestiziert; doch ein Pferd tut Dinge nie-

mals, um uns zu ärgern, sondern hat immer einen triftigen Grund. Und trotz Domestizierung ist das Pferd nach wie vor ein Tier mit genetisch festgelegtem, instinktivem Verhalten. Nicht selten führt ein Vorgehen wie oben beschrieben dazu, dass die Angst vor der Sprühflasche am Ende des Sommers noch größer ist – das Pferd wurde sensibilisiert, weil der Stress zu groß war. Generell nehmen viele Menschen die Belange ihrer Pferde nicht ernst genug und reagieren nur mit einem „Leb damit", wenn das Pferd ein Problem hat.

In manchen Trainingsweisen wird ein solches Vorgehen ganz gezielt angewandt. Das Pferd wird dem Reiz so lange ausgesetzt (etwa einer Plastiktüte), bis es verlangsamt, den Kopf herunternimmt oder sogar stehen bleibt. Erst dann wird der Reiz entfernt. So kann das Pferd durchaus lernen, dass es über sein Verhalten diesen Reiz „abstellen" kann. Sehr häufig kommt es jedoch zum sogenannten „Flooding", einer Reizüberflutung der Sinnesorgane. Das Pferd ermüdet geistig und körperlich, seine Reaktion lässt aus Erschöpfung nach. Früher wurden Pferde auf diese Art an einen Sattel auf ihrem Rücken gewöhnt. Tragischerweise sieht es für den Menschen häufig tatsächlich so aus, als hätte sich das Pferd daran gewöhnt, weshalb sich diese Trainingsform noch heute hin und wieder finden lässt. Eine positive Lernerfahrung für das Pferd sieht anders aus.

Wenn Sie Ihrem Pferd helfen wollen, sich an Dinge zu gewöhnen, und dabei auch noch etwas für Ihre Beziehung tun möchten, überlegen Sie sich vorher genau, wie Sie vorgehen möchten.

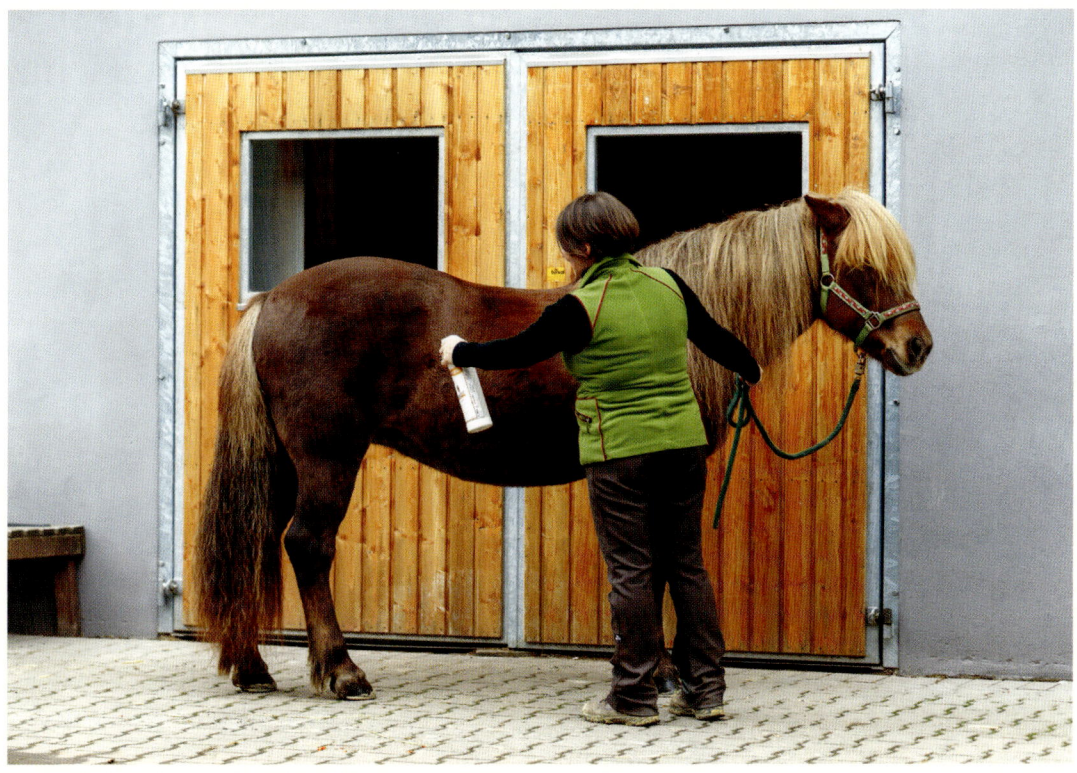

Durch kleinschrittiges Vorgehen wird auch die Gewöhnung an „unbeliebte"
Reize zu einem positiven Trainingserlebnis. (Foto: Friederike Scheytt)

Möchten Sie Ihr Pferd an eine Sprühflasche gewöhnen, fangen Sie mit der niedrigsten Reizstufe an, bei der das Pferd noch keine Anzeichen von Stress zeigt, maximal leichtes Unwohlsein.

Hilfreich hierfür ist es zu wissen, was Ihr Pferd genau beunruhigt. Es gibt jede Menge Dinge, die Ihrem Pferd Angst machen können. Möglicherweise ist es die Sprühflasche an sich. Vielleicht aber auch das Auftreffen des Sprühnebels auf der Haut. Oder das Geräusch beim Betätigen des Hebels. All dies können Sie erst mal mit entsprechendem Abstand vom Pferd nacheinander testen und trainieren.

Kommen Sie an einen Punkt, an dem es nicht weitergeht, verweilen Sie im vorhergehenden Schritt, der noch gut zu ertragen war.

Nähern Sie sich mit dem Reiz (in diesem Fall der Sprühflasche) nur so weit an, wie Ihr Pferd es noch gut aushält, und entfernen sich wieder, bevor sich dieser Zustand ändert. Nähern Sie sich erst weiter an, wenn Ihr Pferd Ihnen signalisiert, dass alles in Ordnung ist.

Beschleunigen lässt sich dieses Vorgehen, wenn Sie Ihr Pferd exakt beim Auftreten des beunruhigenden Reizes belohnen.

So verbindet Ihr Pferd etwas Positives mit dem Reiz, und Sie nehmen quasi eine „Gegenkonditionierung" vor. Dies bietet sich besonders dann an, wenn Ihr Pferd zuvor bereits stark gestresst in einer solchen Situation war oder sogar traumatische Erfahrungen gemacht hat.

Wichtig ist, dass Sie die Reizschwelle Ihres Pferdes nie überschreiten und so eine negative Lernerfahrung herbeiführen. Wenn Sie Fluchtverhalten unterbinden oder strafend auf das Pferd einwirken müssen, weil es Sie zum Beispiel bedrängt, dann haben Sie die Reizschwelle des Pferdes auf jeden Fall überschritten. Nehmen Sie sich so viel Zeit, wie es braucht. Pferdeausbildung sollte niemals einem Zeitfaktor unterliegen. Nicht zuletzt sind Sie selbst der Faktor, der am meisten Zeit beansprucht. Je besser Ihre Fähigkeiten als Trainer sind, desto eher werden sich Erfolge einstellen. Lernen Sie zu verstehen, dass Erfolg in der Pferdeausbildung stets ein positives Lernerlebnis für das Pferd bedeutet.

UNERWÜNSCHTE SENSIBILISIERUNG UND GEWÖHNUNG

Eine unerwünschte Sensibilisierung des Pferdes wird in der Regel schnell bemerkt, wenn das Pferd offenkundig sein Unwohlsein äußert und vor Dingen scheut, die es bisher als ungefährlich eingestuft hat. Doch manchmal ist der Prozess auch schleichend. Stellen Sie sich vor, Sie machen um eine Herde Kühe auf einer Weide stets einen Bogen, weil sich Ihr Pferd davor fürchtet. Wenn Sie den Bogen mit der Zeit immer größer machen, verschlimmern beziehungsweise bestärken Sie die Angst des Pferdes, es wird sensibilisiert. Solange Sie die größere Distanz einhalten, werden Sie dies kaum bemerken. Wenn Sie zukünftig aber gezwungen sind, nah an Kühen vorbeizureiten, weil sich die Wegführung geändert hat, werden Sie schnell Probleme bekommen. Seien Sie achtsam und nutzen Sie solche Anlässe von vornherein als Möglichkeit, um die Zusammenarbeit zu verbessern.

Auch unerwünschte Gewöhnungsprozesse werden oft erst relativ spät bemerkt. Ein Pferd gewöhnt sich immer dann an Reize, wenn diese keine oder kaum Bedeutung haben. Dies gilt auch für trainiertes Verhalten. Haben Sie dem Pferd beigebracht, dass es sich beim Signal für „Vorwärts" in Bewegung setzen soll, wird dieses Signal immer dann geschwächt, wenn keine oder nur eine geringe Reaktion erfolgt. Irgendwann ist das Signal so geschwächt, dass das Pferd kaum noch reagiert. Schnell wird dem Pferd dann Unwille oder Faulheit unterstellt, dabei ist dies keine willentlich beeinflussbare Reaktion des Pferdes, sondern ein normaler Lernprozess. Das Signal erlag dem Gewöhnungsprozess; es war zwar präsent, aber der Reiz zog keine Konsequenz nach sich. In einem solchen Fall muss ein Signal neu trainiert werden (über operante Konditionierung, siehe Seite 26 ff.).

Ein klassisches Beispiel für unerwünschte Gewöhnung ist auch unsere Stimme. Sie ist im Umgang mit dem Pferd ein wichtiges Kommunikationsmittel, dessen Bedeutung das Pferd im Lauf der Zeit lernt. Mit der Stimme geben wir dem Pferd Signale, drücken aber auch

Freude, Lob oder Tadel aus. Im Zusammensein mit uns Menschen sind unsere Pferde permanent mit ihr konfrontiert und müssen herausfiltern, welche Informationen für sie gedacht und welche unwichtig sind. Gerade dann, wenn wir viel mit unserem Pferd reden, ihm aber wenig Bedeutungsvolles sagen, schwächen wir den Wert unserer Stimme. Hören Sie eigentlich Ihren Kühlschrank noch brummen? Eigentlich nicht, aber jetzt schon? Genauso geht es so manchem Pferd, das die ganze Zeit über mit gut gemeintem Stimmeinsatz konfrontiert wird. Das Gehirn schaltet Reize, die ohne Bedeutung sind, einfach aus. Möchten Sie also, dass Ihr Pferd Ihre Stimme als Kommunikationsmittel wahrnimmt, gehen Sie sorgsam mit ihr um und sprechen Sie mit dem Pferd, wenn Sie tatsächlich etwas zu sagen haben. So profitieren Sie beide und halten Ihr Pferd sensibel.

Klassische Konditionierung

Die klassische Konditionierung ist eine sehr einfache Form des Lernens. Hierbei werden 2 Reize, die zeitlich eng beieinanderliegen, miteinander verknüpft. Den Begriff geprägt hat der russische Physiologe Iwan Pawlow, der verschiedene Studien mit Hunden durchführte. Er entdeckte, dass die Hunde nach kurzer Eingewöhnungszeit schon anfingen zu speicheln, wenn sie nur das Klappern der Futterschüsseln hörten und nicht erst beim Vorsetzen des Futters. Selbst wenn das Futter einmal ausblieb, speichelten die Hunde. Das hörte erst nach einigen ausbleibenden Fütterungen wieder auf. Die Hunde hatten also das Klappern der Schüsseln mit dem Futter verknüpft, sodass später allein das Klappern die gleiche Reaktion wie das Futter selbst hervorrief.

Auch bei unseren Pferden verhält es sich genauso, wenn morgens die Stalltür geöffnet und der Futterwagen als Signal für das Frühstück aus der Futterkammer geschoben wird. Durch Verknüpfung lernt das Pferd das Geräusch des Futterwagens, das von Natur aus keine Bedeutung für das Pferd hat, als Signal für Futter kennen – und zwar mit allen Konsequenzen. So löst das Geräusch nicht nur die Erwartung auf Futter aus, sondern vor allem auch den Zustand und das Gefühl, die mit dem Fressen verbunden sind.

Unser Alltag mit dem Pferd ist voller Situationen, die durch klassische Konditionierung geprägt sind. So haben viele Pferde den Griff in die Jackentasche unmittelbar mit einer Futtergabe verknüpft und werden sichtbar nervös, sobald man seine Hand Richtung Tasche bewegt. Häufig wird das Pferd dann für seine Unhöflichkeit gerügt, dabei ist der Mensch für dieses Verhalten verantwortlich, der konsequent immer nur dann in die Tasche greift, wenn er dem Pferd eine Leckerei zustecken möchte. Es ist also wichtig, immer ein Auge darauf zu haben, was wir tun und wie wir es tun, damit das Pferd auch im Alltag keine falschen Lernerfahrungen macht.

Im Training kann man sich die klassische Konditionierung zunutze machen, wenn man bestimmte Zustände (zum Beispiel Entspannung) mit Situationen oder Orten positiv verknüpfen möchte.

Das regelmäßige Füttern im oder am Anhänger kann helfen, dass das Pferd diesen mit etwas Angenehmem verknüpft.

Achtsames Training schafft Harmonie.
(Foto: Nadine Golomb)

Doch klassische Konditionierung funktioniert auch in die andere Richtung: Ist das Pferd beim Verladen stets gestresst, wird womöglich allein der Anblick des Hängers bald negative Emotionen auslösen. Gibt es fortwährend Probleme beim Schmied, wird das Pferd versuchen, der Beschlagssituation künftig zu entgehen, weil es damit unangenehme Erfahrungen verknüpft. Auch deshalb ist es wichtig, stets darauf zu achten, dass das Pferd in entspannter Atmosphäre lernt.

Operante Konditionierung

Die operante Konditionierung beschreibt das „Lernen am Erfolg".

Während das Pferd bei der klassischen Konditionierung eher passiv ist und im Grunde gar nicht bewusst wahrnimmt, dass es trainiert wird, wird es bei der operanten Konditionierung zum aktiven Part.

Diese Trainingsform heißt deshalb „operant", weil das Pferd mit seiner Umwelt operiert und so durch sein Handeln aktiv die Konsequenzen bestimmt. Ein Verhalten lohnt sich und wird daher häufiger gezeigt; ein Verhalten lohnt sich nicht und wird daher weniger häufig gezeigt. Was simpel klingt, ist ein relativ komplexes und umfassendes Thema, mit dem sich jeder ausführlich auseinandersetzen sollte, der mit Pferden trainiert.

LERNEN MIT THORNDIKE

Der Wissenschaftler Edward Lee Thorndike (1874–1949) beschäftigte sich als einer der Ersten mit dem Thema „Lernen am Erfolg" und legte den Grundstein für die heutige Theorie zur operanten Konditionierung.

Einer seiner Versuche beschäftigte sich mit einer sogenannten „Puzzle-Box". Hierbei wurde eine Box mit einem Schließmechanismus versehen, welcher sich leicht durch das Versuchstier öffnen ließ. Nun wurde eine Katze in diese Box gesperrt und vor der Box eine Schüssel mit Futter platziert. So hatte die Katze einen Anreiz, sich aus der Box zu befreien. Sie probierte dazu verschiedene Möglichkeiten aus, sie fühlte mit ihren Pfoten durch die Zwischenräume der Box oder knabberte das Holz der Box an. Irgendwann betätigte sie durch Zufall den Öffner, und die Tür sprang auf, sodass die Katze an das Futter gelangte. Nach einem Happen wurde die Katze zurück in die Box gesperrt und der Versuch begann erneut. Es zeigte sich, dass die Katze immer schneller und sicherer die Tür öffnete, bis sie unmittelbar nach dem Hineinsetzen den Türöffner betätigte. Sie hatte gelernt, wie sich die Tür öffnen ließ, um so an das Futter zu gelangen.

Anhand dieser und ähnlicher Versuchsreihen definierte Thorndike einige wichtige Grundsätze über das, was vorhanden sein muss, damit Lernen überhaupt stattfinden kann. Die wohl bekanntesten und für uns wichtigsten 3 Grundsätze sind das Gesetz der Bereitschaft, das Gesetz der Übung und das Gesetz der Wirkung.

Das Gesetz der Bereitschaft besagt, dass der Lernende einen Anreiz zum Lernen haben muss. Es muss also ein Bedürfnis bestehen (hier: Hunger), das der Lernende durch seine Handlung zu befriedigen versucht – er möchte einen für sich angenehmen Zustand herstellen. Wäre die Katze nicht hungrig gewesen, hätte sie das Futter nicht

Kenntnisse über das Lernverhalten ermöglichen ein artgerechtes, partnerschaftliches Training. (Foto: Friederike Scheytt)

gemocht oder es gar gemütlich in der Box gefunden, hätte auch kein Anreiz bestanden, aus der Box zu entkommen. Es hätte demnach auch kein Lernprozess stattfinden können.

Das Gesetz der Übung besagt, dass ein Verhalten wiederholt werden muss, damit es sich dauerhaft einprägt. Erst mit der Wiederholung stellt sich ein dauerhafter Lernerfolg ein und das Verhalten wird sicherer gezeigt. Wäre die Katze nur ein einziges Mal erfolgreich mit ihrem Versuch gewesen, hätte sie zwar ihr Ziel erreicht, aber sie hätte wahrscheinlich nicht gelernt, wie ihr das gelungen war.

Das Gesetz der Wirkung besagt, dass ein Verhalten dann wiederholt wird, wenn es sich lohnt. Bei ihrem Versuch, dem Käfig zu entkommen, hat die Katze diverse Anstrengungen unternommen.

Verhaltensweisen, die sie dabei nicht an ihr Ziel brachten, wurden gegebenenfalls noch einige Male wiederholt, dann aber eingestellt. Verhalten jedoch, das direkt oder indirekt mit dem Öffnen der Tür zu tun hatte, wurde immer schneller und zuverlässiger gezeigt, bis am Ende nur noch das erfolgreiche Verhalten vorkam.

Alle 3 Gesetzmäßigkeiten greifen ineinander und bilden das Grundgerüst von gutem Training. Sie ermöglichen, das Training zu hinterfragen, wenn es zu Schwierigkeiten kommt oder der gewünschte Erfolg nicht eintritt.

DIE FANTASTISCHEN VIER – WAS OPERANTE KONDITIONIERUNG MIT MATHE ZU TUN HAT

Während Thorndike den Lernerfolg eher dem Zufall überließ, beschäftigte sich ab etwa 1930 ein weiterer Psychologe mit diesem damals noch unerforschten Phänomen. Der Psychologe Burrhus F. Skinner versuchte, das Verhalten der Versuchstiere ganz bewusst in eine bestimmte Richtung zu lenken und zu kontrollieren, indem er dem jeweiligen Verhalten Konsequenzen folgen ließ – angenehme oder unangenehme. Das Verhalten wurde daraufhin wahrscheinlicher oder unwahrscheinlicher.

Ein bekannter Versuch war die sogenannte Skinner-Box, die ähnlich wie die Puzzle-Box von Thorndike aufgebaut war. Skinner sperrte hungrige Ratten in Käfige, die auf bestimmte Art und Weise modifiziert waren. Nach einer Weile zeigten die Ratten verschiedene Verhaltensweisen und operierten so mit ihrer Umwelt (daher auch der Name „operante Konditionierung"). So war einer der Käfige mit einem Hebel ausgestattet, der bei Berührung Futter auswarf. Nach einer zufälligen Berührung des Hebels lernte die Ratte sehr schnell, dass dies der Auslöser für das Futter war, und zeigte das Verhalten (Drücken des Hebels) immer häufiger, bis es sicher gezeigt wurde. Stoppte die Futterzufuhr jedoch, nahm das Verhalten wieder ab, da die Handlung nicht mehr belohnt wurde. Eine weitere Ratte wurde in einen Käfig gesperrt, dessen Boden unter Strom stand. (Für mich steht außer Frage, dass ein solcher Versuch aus heutiger Sicht ethisch und moralisch nicht mehr vertretbar wäre.) Nachdem die Ratte einige Zeit panisch herumgerannt war, hockte sie sich still in eine Ecke und ließ es über sich ergehen, statt weiter sinnlos Energie zu verschwenden. Sie hatte gelernt, dass sie dem unangenehmen Reiz nicht entfliehen konnte. Hätte der Strom beim Hinsetzen aufgehört zu fließen, hätte sie hingegen schnell gelernt, wie sie den Strom abstellen kann.

Anhand dieser Versuchsreihen definierte Skinner das Modell der operanten Konditionierung. Bei der operanten Konditionierung bestimmt die Konsequenz das Verhalten. Abhängig davon, ob die Konsequenz angenehm oder unangenehm ist, wird ein Verhalten häufiger oder weniger häufig gezeigt.

Wir unterscheiden dabei zwischen Verstärkung und Bestrafung. Während eine Verstärkung dafür sorgt, dass ein Verhalten wahrscheinlicher wird, sorgt Strafe dafür, dass es abnimmt. Um das Ganze noch ein wenig komplizierter zu machen, unterscheiden wir außerdem zwischen positiver und negativer Verstärkung und zwischen positiver und negativer Strafe. Sicher fragen Sie sich jetzt, wie Strafe denn positiv sein kann. Zu Recht! Strafe ist keinesfalls angenehm für das Pferd. Bei der Bezeichnung positiv und negativ handelt es sich um eine mathematische Ordnung. Diese Tatsache sorgt regelmäßig für kontroverse Diskussionen, denn die Bezeichnungen positiv und negativ wecken in fast jedem zunächst emotionale Wertvorstellungen, während es sich eigentlich um eine sachliche Beschreibung der Trainingsform handelt. Zwar wird bei der negativen Verstärkung durchaus mit einem unangenehmen Reiz gearbeitet, das heißt jedoch nicht, dass diese Form der Verstärkung grundsätzlich abzulehnen ist, genauso wie die positive Verstärkung nicht grundsätzlich angenehm für das Pferd sein muss. Um dem Pferd das Lernen angenehm zu machen, gilt es, die Formen der operanten Konditionierung zu verstehen und das Training entsprechend zu gestalten.

POSITIVE VERSTÄRKUNG – IM DIALOG MIT DEM PFERD

Die Bezeichnung positive Verstärkung hört man heute oft. Sie haben sich vermutlich auch deshalb für dieses Buch entschieden, weil Sie genauer wissen möchten, was darunter zu verstehen ist. Seit das Clickertraining auch in die Pferdewelt Einzug gehalten hat, befassen sich immer mehr Menschen mit dieser Form des Trainings. Dabei ist das Arbeiten mit positiver Verstärkung nicht nur dem Clickertraining vorbehalten, sondern

Folgt auf ein Verhalten eine angenehme Konsequenz, etwa Futter, steigt die Wahrscheinlichkeit seines Auftretens. (Foto: Friederike Scheytt)

sollte fester Bestandteil jedes Trainings sein, denn es bietet Mensch und Pferd viel Freiraum zur Entfaltung. Bei der positiven Verstärkung folgt eine angenehme Konsequenz auf ein Verhalten. Das Verhalten wird damit wahrscheinlicher, da es sich für das Pferd gelohnt hat.

Das Pferd erhält also für das richtige Verhalten eine Rückmeldung in Form einer Belohnung. Wichtig ist, dass das Verhalten nicht durch einen aversiven, also unangenehmen Reiz ausgelöst wird. Die Lernsituation sollte so gestaltet werden, dass das Pferd von sich aus agiert und sich aktiv beteiligt. Dies erfordert vom Trainer eine sorgfältige Planung und Beobachtungsgabe. Bei richtiger Anwendung ergibt sich eine hohe Zuverlässigkeit und Motivation beim Pferd. Wird ein Verhalten ausschließlich positiv verstärkt, so hat das Pferd keinen Grund, nicht zu reagieren, solange die Lernsituation die gleiche bleibt. Die Arbeit mit positiver Verstärkung macht Pferde cleverer, da sie zum Mitdenken anregt und selbstständiges Agieren fordert und fördert. Stellen Sie sich vor, wie schön es ist, wenn Ihr Pferd anfängt nachzufragen, was Sie von ihm möchten. Entsteht nicht erst dann ein Dialog mit dem Pferd, wenn diesem das Recht auf Meinungsäußerung zugestanden wird?

Reagiert das Pferd nicht wie gewünscht, hat es keine unangenehmen Konsequenzen zu befürchten, da Fehlverhalten zunächst nach Möglichkeit ignoriert wird. Reagiert das Pferd allerdings wiederholt falsch, so sollte in jedem Fall der Trainingsaufbau überdacht und modifiziert werden, denn auch Ratlosigkeit bei in Aussicht gestellter Belohnung kann beim Pferd ein enormer Stressfaktor sein.

Das Lernen mit positiver Verstärkung ist eine fantastische Möglichkeit, auf zwanglose Art und Weise mit dem Pferd zu kommunizieren und zu arbeiten. Es stellt jedoch den ungeübten Pferdebesitzer zunächst vor Herausforderungen, weil wir selbst in unserer Gesellschaft nur sehr wenig mit positiver Verstärkung zu tun haben. Schon unsere Jüngsten müssen in der Schule lernen, mit Druck umzugehen. Und welcher Chef kommt schon regelmäßig vorbei und belohnt seine Mitarbeiter für ihre gute Arbeit, abgesehen von der Zahlung des monatlichen Lohns? Wie oft loben Sie Ihre Mitmenschen, wenn sie nett zu Ihnen sind? Fallen Ihnen Dinge häufig nicht auch erst auf, wenn sie nicht mehr so laufen, wie sie sollen?

Schulen Sie Ihren Blick und programmieren Sie Ihr Bewusstsein für das Lernen neu. Je länger und intensiver Sie sich mit dem Thema befassen, desto häufiger wird Ihnen auffallen, wann Verhalten lobenswert ist und wie viele schöne, bisher unbemerkte Momente Ihnen Ihr Pferd schenkt. Wer erst einmal den Einstieg in diese Trainingsform gefunden hat, wird schon bald nicht mehr darauf verzichten wollen.

NEGATIVE VERSTÄRKUNG – JEDER TUT ES, ABER KEINER NENNT ES GERN BEIM NAMEN

Bei der negativen Verstärkung wird die Wahrscheinlichkeit für ein Verhalten erhöht, indem man etwas Unangenehmes entfernt. Wenn Sie zum Beispiel möchten, dass Ihr Pferd rückwärtsgeht, können Sie Druck auf die Nase ausüben, bis Ihr Pferd weicht, und diesen dann entfernen. Das Pferd lernt, dass

Konventionelles Pferdetraining beruht häufig auf negativer Verstärkung: Reagiert das Pferd nicht wie gewünscht, bleibt der Druck bestehen oder wird erhöht. (Foto: Friederike Scheytt)

bei richtiger Reaktion der unangenehme Reiz/Druck aufhört. In Zukunft wird es schneller reagieren, um den Druck auf der Nase zu vermeiden.

Da zunächst in irgendeiner Weise Druck beziehungsweise ein unangenehmer Reiz eingesetzt werden muss, der dann als Bestärkung wieder entfernt wird, ist das Pferd, anders als bei der positiven Verstärkung, reaktiv. Es reagiert auf den Druck und versucht so zu erreichen, dass dieser nachlässt.

Negative Verstärkung versteht das Pferd ebenso „natürlich" wie positive, und nach wie vor ist es die gängige Methode, Pferde auf diese Weise zu trainieren. Wenn ich also im weiteren Verlauf des Buches von konventionellem Pferdetraining spreche, dann meine ich das Training überwiegend über negative Verstärkung.

Kaum jemand kann sich frei davon machen, nicht zumindest ab und an negative Verstärkung anzuwenden. Der Großteil der

Menschen wird diese Trainingsmethode häufiger anwenden, als es ihnen bewusst ist. Oft fühlen sich Menschen angegriffen, wenn man ihnen erklärt, dass ihr Training auf dem Prinzip der negativen Verstärkung aufbaut, weil sich das nicht besonders gut und freundlich anhört.

Dabei hat negative Verstärkung zunächst einmal nichts mit Strafe zu tun, sondern dient genau wie positive Verstärkung dazu, erwünschtes Verhalten zu bestärken.

Reagiert das Pferd nicht wie gewünscht (und davon ist zunächst auszugehen, wenn es das jeweilige Verhalten noch nicht kennt), wird der Druck bei der negativen Verstärkung aufrechterhalten oder sogar erhöht, bis das Pferd die gewünschte Reaktion zeigt. Während das Pferd im Training mit positiver Verstärkung das gewünschte Verhalten einfach nicht zeigt, wenn der Trainingsaufbau nicht entsprechend gestaltet ist, ist es mittels negativer Verstärkung nur allzu leicht, das Pferd zu einer Reaktion zu „zwingen" und so über einen unzureichenden Trainingsaufbau hinwegzutäuschen. Irgendeine Reaktion bekommen Sie immer, denn mit der negativen Verstärkung setzen Sie das Pferd gewissermaßen unter Zugzwang: Möchte es, dass sich seine Situation verbessert, also der unangenehme Reiz abgestellt wird, muss es etwas tun. Selbst dann, wenn es eigentlich keine Ahnung hat, was Sie von ihm möchten, oder es dazu nicht in der Lage ist, es wird sich zumindest bewegen. Da die Ausführung jedoch oft mangelhaft ist, entsteht schnell der Eindruck, das Pferd sei stur oder widersetzlich.

Gehen Sie nicht davon aus, dass Ihr Pferd Sie als Artgenossen erkennt und Ihrem Körpereinsatz weicht, nur weil Sie sich auf eine bestimmte Art und Weise bewegen. Auch Körpersprache basiert auf konditioniertem Einsatz von Signalen.

In der Regel wird deutlich mehr Druck angewandt, als für eine Reaktion notwendig wäre. Dabei sollten die Prinzipien der Arbeit mit positiver Verstärkung ebenso für die Arbeit mit negativer Verstärkung gelten und bereits kleinste Annäherungen an das Zielverhalten bestärkt werden. Stattdessen werden Rangordnungstheorien oder Vermenschlichung des Pferdeverhaltens häufig zur Legitimation von Druck genutzt, falls das Pferd nicht wie gewünscht reagiert – statt sein Training zu überdenken und dem Pferd Gelegenheit zu geben, seine Aufgabe zu verstehen und wahrzunehmen.

Ein gewisses Maß an Druck im täglichen Umgang lässt sich nicht vermeiden. Daher ist es durchaus sinnvoll, dem Pferd die Bedeutung von Druck am Körper – weiche dem Druck – zu erklären. Doch zwischen Druck als Information, als Signal, und dem Anwenden von Druck zur bloßen Durchsetzung von Forderungen liegen häufig Welten.

Stellen Sie sich vor, jemand rauschte in einer überfüllten Fußgängerzone auf Sie zu und fegte Sie „Platz da!" rufend fast zur Seite – hätten Sie gern Platz gemacht? Und wie hätten Sie sich gefühlt, wenn jemand Sie höflich gebeten hätte, zur Seite zu gehen, und dabei freundlich Ihre Schulter berührt hätte? Und hätte dazu noch „Danke" gesagt. Würden Sie beim nächsten Mal wieder zur Seite gehen? In beiden Fällen handelt es sich um negative Verstärkung …

Reagiert das Pferd, um Druck zu vermeiden, spricht man von negativer Verstärkung – auch wenn das Kommando selbst wenig Druck beinhaltet. (Foto: Friederike Scheytt)

Durch einen durchdachten Aufbau des Trainings und den reflektierten, sparsamen Einsatz von Druck lässt sich durchaus pferdegerecht trainieren, sodass das Pferd den Spaß an der Arbeit nicht verliert und die Eigenmotivation irgendwann überwiegt. Wichtig ist, den Druck nach und nach zu reduzieren und stets die Motivation des Pferdes zu fördern. Solange man allerdings bereit ist, Druck anzuwenden, falls das Pferd nicht wie gewünscht reagiert, handelt es sich den-

noch auch bei der feinsten Hilfe um negative Verstärkung. Denn auch die Androhung von Druck ist bereits negative Verstärkung. Letztlich ist das, was die Reaktion des Pferdes dauerhaft erhält, bei Nichtreagieren die Erinnerung aufzufrischen, indem Sie erneut Druck anwenden. Das bleibt auch so, wenn Sie nach einer erfolgten Reaktion des Pferdes belohnen.

Richtig angewandt, machen Sie im weiteren Trainingsverlauf nur noch genau so viel

Druck, wie Sie benötigen, damit das Pferd das gewünschte Verhalten zeigt. Es gilt dabei genau zu beobachten, ob das gewünschte Verhalten in der trainierten Qualität gezeigt wird. Falls die Leistung schlechter ist, bedeutet dies, dass Sie den Druck aufrechterhalten oder erhöhen müssen. Sicherlich denken Sie jetzt: „Aber das Pferd hat sich doch bemüht ...?" Das ist richtig, aber wenn Sie möchten, dass Ihr Pferd hier nicht lernt, dass es auch mit weniger Engagement durchkommt und Sie zukünftig mit weniger Druck auskommen möchten, dann reicht „bemühen" nicht aus, um ein bereits trainiertes Verhalten zu erhalten. Das ist ein häufiges Problem und ein Grund, warum über negative Verstärkung trainierte Pferde oft abgestumpft oder unmotiviert wirken.

Viele Menschen trainieren aus Unwissenheit oder weil sie mit Lob sparsam sind über Druck, haben aber verständlicherweise Hemmungen, den Druck dann auch zu erhöhen. Das kann ich nachvollziehen, denn das wäre auch nicht mein Weg. Wenn Sie aber Ihr Training auf negativer Verstärkung aufbauen, funktioniert es nur so und nicht anders. Wenn Sie sich scheuen, den Druck auch einmal zu erhöhen, wenn das Pferd nicht wie gewünscht oder ausreichend reagiert, werden Sie dauerhaft immer mehr Druck brauchen und im Gegenzug immer weniger dafür bekommen. Da der Druck ständig präsent ist, stumpft Ihr Pferd ab und die positiven Erlebnisse (in denen auf das Signal keine Erhöhung des Drucks erfolgt, sondern möglicherweise eine Belohnung) bleiben aus oder sind nicht ausreichend, um die Eigenmotivation des Pferdes zu fördern.

Verstehen Sie mich nicht falsch: Ich möchte mit dieser Aussage nicht die Anwendung von Druck legitimieren. Aber ich möchte erklären, wie die Dinge laufen und warum manches, was auf den ersten Blick logisch erscheint, dennoch nicht befriedigend im Sinne des Pferdes ist. Diese Form des Trainierens funktioniert zwar, hat aber mit einem positiven Trainingsansatz zunächst nicht viel gemeinsam.

POSITIVE STRAFE: STRAFE MUSS SEIN – MUSS STRAFE SEIN?

Positive Strafe entspricht dem klassischen Bild, das wir von Strafe haben: Auf ein unerwünschtes Verhalten folgt eine unangenehme Konsequenz. Dabei ist deren Intensität für die Bezeichnung Strafe zunächst unwichtig. Alles, was für das Pferd eine unangenehme Bedeutung hat, ist in diesem Zusammenhang als Strafe zu sehen: ein Schlag mit der Gerte ebenso wie die erhobene Stimme, die weitere Sanktionen in Aussicht stellt.

Strafe signalisiert dem Pferd unmissverständlich: Das, was du gerade tust, ist unerwünscht, tu das nicht noch einmal! Strafe wirkt nur dann, wenn sie in engem zeitlichen Zusammenhang mit der Handlung steht, bei erneutem Auftreten der Handlung auch erneut eingesetzt wird und die Intensität der Strafe so hoch ist, dass das Pferd das unerwünschte Verhalten unterlässt. Man muss also nicht nur in der Lage, sondern auch bereit sein, das Verhalten bei jedem Auftreten erneut und gegebenenfalls härter zu bestrafen, da ansonsten die Gefahr einer variablen Bestärkung besteht: Lohnt sich ein

Instinktives Verhalten macht Strafe nicht immer vermeidbar. Häufig lassen sich solche Situationen jedoch durch Training entschärfen. (Foto: Nadine Golomb)

zu korrigierendes Fehlverhalten auch nur manchmal, wird das Pferd dieses immer wieder zeigen. Scharrt Ihr Pferd am Anbinder, weil es sich langweilt, ist Schimpfen zwar eine Strafe, aber gleichzeitig erhält das Pferd dadurch Aufmerksamkeit = Belohnung. Zeigt das Pferd das Fehlverhalten trotz Strafe erneut, gibt es immer einen Grund dafür. Ist das Pferd unruhig beim Satteln, weil der Sattel drückt, wird es durch Schimpfen zwar kurzfristig still stehen, aber beim nächsten Mal erneut zappeln, da die Ursache nicht abgestellt wurde. Schnell befinden Sie sich so in einer Aufwärtsspirale der Gewalt. Wer möchte das schon?

Bedauerlicherweise fühlt sich der Strafende häufig im Recht, da es zunächst so aussieht, als hätte die Strafmaßnahme Erfolg. Denn häufig unterlässt das Pferd die Handlung tatsächlich vorübergehend oder das Fehlverhalten war ohnehin nur von kurzer Dauer. Dabei erhält das Pferd durch Strafe stets nur eine halbe Information, nämlich: „Tu das nicht!" – ohne Hinweis darauf, was stattdessen erwünscht wäre.

Positive Strafe kann Verhalten nicht ändern, sondern sorgt bestenfalls dafür, dass es seltener auftritt – und das stets auf Kosten unserer Beziehung zum Pferd. Nachhaltig abgestellt wird ein Verhalten nur dann, wenn es sich nicht mehr lohnt und das Pferd eine Handlungsalternative hat.

Nur wenige Situationen, in denen Mensch und/oder Tier ernsthaft in Gefahr sind, rechtfertigen die Anwendung von positiver Strafe. In solchen Momenten kann Strafe der Deeskalation dienen und gefährliches Verhalten beenden. Strafen Sie unmittelbar, emotionslos und selbstverständlich in der Intensität angemessen. Hier befinden wir uns allerdings in einer Ausnahmesituation, die sich auch durch sorgfältiges Training nicht immer verhindern lässt, und nicht in einer Trainingssituation. Überlegen Sie in jedem Fall, wie es zu dieser Situation kommen konnte. Häufig machen vorangegangene Trainingsfehler den potenziellen Einsatz von Strafe überhaupt erst notwendig.

NEGATIVE STRAFE – „AUSZEIT" FÜR PFERDE

Ebenso wie bei der Verstärkung gibt es auch positive und negative Strafe. Bei der negativen Strafe wird etwas für das Pferd Angenehmes weggenommen oder vorenthalten. Selbstverständlich funktioniert die negative Strafe nur dann, wenn das Pferd in diesem Moment auch eine Belohnung erwartet und gern mit uns arbeitet, und nicht, wenn das Pferd froh über eine Pause ist.

Während im konventionellen Pferdetraining die Anwendung der negativen Strafe eher unüblich ist, kommt sie in unserem menschlichen Umfeld deutlich häufiger vor. So sind Verbote als Strafe für Verfehlungen in der Kindererziehung nach wie vor gebräuchlich. So wird beispielsweise ein Internetverbot verhängt, weil die schulischen Leistungen zu wünschen übrig lassen, oder Ausgehverbot erteilt, wenn sich Teenager nicht an Absprachen halten. Das Fehlverhalten zieht also negative Konsequenzen nach sich. Ziel der Strafe ist, dass das unerwünschte Verhalten (etwa zu spät kommen) nicht mehr auftritt. Ob sich das Kind jedoch tatsächlich mehr bemühen wird, hängt vor allem davon ab, wie motiviert es zu alternativem Verhalten ist.

Bei Pferden ist es indes besonders wichtig, mögliche Alternativen zu trainieren und zu bestärken, zu denen es allein aufgrund der Strafe keinen Bezug herstellen kann, denn – wir erinnern uns – Strafe kann Verhalten nicht ändern.

Bei der negativen Strafe geht es jedoch nicht nur darum, unerwünschtes Verhalten durch unangenehme Konsequenzen zu ahnden, sondern zu verhindern, dass sich unerwünschtes Verhalten für das Pferd lohnt und es so eine falsche Information erhält. Im Gegensatz zu uns Menschen fehlt den Pferden die Fähigkeit zur Einsicht und damit auch zur Definition eines Fehlers. Statt „falsch" und „richtig" speichert das Pferd nur „lohnt sich" oder „lohnt sich nicht" auf seiner imaginären Strichliste ab. Hat sich ein Verhalten gelohnt, steigt die Wahrscheinlichkeit, dass es erneut gezeigt wird. Nur wenn sich ein Verhalten unter keinen Umständen mehr lohnt oder noch nie gelohnt hat, kann man davon ausgehen, dass es nachhaltig

Wird dem Pferd die Möglichkeit genommen, sich eine Belohnung zu verdienen, bezeichnet man dies als negative Strafe. (Foto: Friederike Scheytt)

„gelöscht" ist. In der Verhaltensforschung spricht man dann von Löschung beziehungsweise Extinktion.

Im Training wird die negative Strafe in der Regel als sogenanntes „Time-out" angewandt. Das Time-out ist eine bewusst eingesetzte Auszeit, in der das Pferd sich keine Belohnungen verdienen kann und auch keine andere Möglichkeit der Bestärkung hat. Angenommen, Sie haben einem Pferd bereits erfolgreich beigebracht, dass es Sie bei der Futtergabe nicht bedrängen soll. In der Trainingseinheit vergisst es nun plötzlich seine guten Manieren, rempelt Sie an und schnappt nach dem Futter. Hier wäre ein Time-out angebracht. Sie unterbrechen das Training abrupt, drehen sich weg oder verlassen sogar den Trainingsbereich. Das Pferd erhält also weder das erwartete Futter noch weitere Aufmerksamkeit.

Eine andere Variante der negativen Strafe wäre das vorzeitige Beenden einer Lektion, weil das Pferd einen gravierenden Fehler gemacht hat, der sich auf keinen Fall lohnen soll. Stellen Sie sich vor, Sie möchten Ihr Pferd auf ein Podest stellen, doch statt daraufzusteigen, scharrt Ihr Pferd ungeduldig mit den Hufen. Sie können nun abwarten, bis Ihr Pferd damit aufhört, auf das Podest steigt – und belohnen es dann. In diesem Fall hätten Sie jedoch auch das Scharren mitbelohnt. Brechen Sie die Übung daher lieber ab, zum Beispiel durch das Laufen einer Volte, und verhindern so, dass das Scharren bestärkt wird und sich eine unerwünschte Verhaltenskette bildet.

Mit der negativen Strafe können wir also zum einen unerwünschtes Verhalten sanktionieren, damit dieses zukünftig weniger auftritt, und zum anderen wirkungsvoll verhindern, dass das Pferd im Trainingsprozess falsche Informationen abspeichert. Trotzdem sollte die Priorität auf einem sauberen, gut durchdachten Trainingsaufbau liegen. Je besser Sie vorbereitet sind, desto besser können Sie reagieren und Ihrem Pferd so zu einer positiven Lernerfahrung verhelfen.

LERNEN AM ERFOLG

Wenn wir unsere Pferde trainieren, sollten wir dies stets tun, indem wir erwünschtes Verhalten bestärken. Das richtige Verhalten muss sich lohnen – richtig aufgebaut ist es nicht notwendig, dem Pferd zu erklären, wann es sich falsch verhält. Dieses ergibt sich für das Pferd, wenn ein unerwünschtes Verhalten nicht zum Erfolg führt.

In den meisten Fällen ist es nicht nur möglich, sondern auch wünschenswert, ein Verhalten über positive Verstärkung zu trainieren, da dies für das Pferd in jedem Fall der angenehmere Weg ist. Wenn negative Verstärkung angewandt wird, sollte dies allen-

Jede Lernerfahrung prägt das Pferd, daher sollten wir das Lernen positiv gestalten. (Foto: Nadine Golomb)

falls in sehr niedriger Abstufung geschehen und sorgsam abgewogen werden. Im besten Fall hat das Pferd anschließend gelernt, dass punktueller Druck ein Signal darstellt, und versteht diesen somit als wegweisende Hilfe und nicht als Zwang, sodass man auch hier von einer positiven Hilfe sprechen kann.

Wir sollten nicht vergessen, dass das Pferd auf dem Weg zum erwünschten Verhalten jede Menge Lernerfahrungen macht, die sich nicht nur auf das Verhalten selbst, sondern in besonderem Maß auch auf die Beziehung zu uns auswirken.

Stellen Sie sich vor, Sie hätten als Kind mit Freunden eine Band gründen wollen; Ihnen wäre dabei der Posten des Gitarristen zugedacht gewesen. Voller Elan gehen Sie mit Ihrer neuen Gitarre zu einem Musiklehrer. Es klingt zunächst furchtbar. Der Lehrer ist nicht gerade ermutigend und schimpft oft. Sie glauben schon, es nie zu verstehen. Die Griffe machen Ihnen Mühe, und nach kurzer Zeit tun Ihre Finger vom Spielen so weh, dass Sie die Gitarre beiseitelegen. Trotzdem beißen Sie die Zähne zusammen und üben regelmäßig, denn Sie wissen: Sonst wird es nie was mit der Band. Und vor allem schimpft sonst wieder der Lehrer. „Das reicht noch nicht", hören Sie immer wieder, und um den Kommentaren zu entgehen, bemühen Sie sich weiter. Beim ersten Treffen der neuen Band ernten Sie tatsächlich Lob für Ihre Leistung. Sie beherrschen bereits einige Akkorde im Wechsel, und langsam klingt es nach Musik. Sie üben weiter.

Im anderen Fall sehen Sie sich in der gleichen Situation: Bandgründung mit Freunden. Diesmal ist der Gitarrenlehrer jedoch ermutigend und zeigt Ihnen immer wieder, wie es leichter geht. Auch wenn die Finger schmerzen: Sie geben sich Mühe, denn Sie freuen sich, wenn der Lehrer Sie lobt und anspornt. Das Zwischenresümee Ihrer Freunde sagt: Sie sind auf dem richtigen Weg! Sie greifen immer häufiger zur Gitarre, und bereits nach 4 Wochen können Sie bereits 6 Akkorde flüssig spielen.

Jahre später ist das Gitarrespielen in beiden Fällen zur Routine geworden und Sie haben großen Spaß daran. Eines Tages werden Sie von einem Fan nach dem Konzert angesprochen: „Sie sind ein toller Gitarrist. Ich möchte das auch lernen. War das eigentlich schwer?" – Na? Wie wird Ihre Antwort lauten? Im ersten Fall haben Sie das Lernen als mühsam und beschwerlich empfunden, auch wenn Sie Ihr Ziel letztlich erreicht haben. Ihre Antwort wird nach einer kurzen Gedankenpause vermutlich so ähnlich lauten: „Nun, es war nicht leicht, meine Finger taten mir am Anfang sehr weh und ich dachte, ich lerne es nie." Im zweiten Fall würden Sie wohl antworten: „Ach, es war nicht ganz einfach, aber es hat Spaß gemacht und ich habe es schnell gelernt. Ich würde das jederzeit wieder machen."

Auch wenn das Ergebnis am Ende ähnlich oder sogar gleich aussieht, so sind doch die Lernerfahrungen auf dem Weg dorthin nicht vergessen. Selbst wenn sie sich nicht mehr auf das Verhalten an sich auswirken, so hat sich die Erfahrung eingeprägt und bestimmt mit darüber, wie Sie auf zukünftige Anfragen und Lernprozesse reagieren.

Im Gegensatz zu unseren Pferden können wir jedoch frei entscheiden, das Experiment zu beenden, wenn wir keinen Spaß daran haben. Deshalb ist es so wichtig, unseren Pferden positive Lernerfahrungen zu vermitteln.

CROSSOVER – MISCHEN VON METHODEN

Pferdebesitzer sind immer auf der Suche nach der besten und oft auch nach der freundlichsten Methode, ihr Pferd auszubilden. Viele haben bereits eine lange Geschich-

Belohnung allein reicht nicht –
auch das Konzept muss stimmen!
(Foto: Friederike Scheytt)

die Aufgabe hineinwachsen. Eine Zeit lang ist es also durchaus denkbar, mit seinem Pferd weiterhin konventionell umzugehen und nur in einem entsprechenden Rahmen mit positiver Verstärkung zu arbeiten. Ein guter Anfang wäre es, wenn Sie zumindest auf das Anwenden von Druckstufen verzichten.

Vermeiden Sie auf jeden Fall das Vermischen von positiver und negativer Verstärkung bei ein und demselben Verhalten. Wenn Sie ein Verhalten durch Drucksteigerung erwirken und anschließend eine Belohnung folgen lassen, führt dies langfristig dazu, dass sich beide Trainingsmethoden abschwächen. Durch den vorangegangenen Druck verliert die Belohnung an Wert; umgekehrt wird der Druck durch die folgende Belohnung als „nicht so schlimm" empfunden. Meist reicht auch der angewandte Druck nicht aus, um das Verhalten zuverlässig abzurufen. Und weil keine konsequente Belohnung erfolgt, ist ihr Ausbleiben auch kein ausreichend hoher Anreiz, das Verhalten zu zeigen. Mit etwas Glück verschiebt sich die Motivation des Pferdes in Richtung der Belohnung; eine positive Verstärkung wird daraus allerdings nicht, wenn Sie dennoch ab und zu Druck anwenden, weil Ihr Pferd sich nicht wie gewünscht verhält. Im schlimmsten Fall benötigen Sie nachher jede Menge Druck und haben kaum noch Möglichkeiten, Ihr Pferd zu motivieren.

Ein Konzept, das dem Pferd bei richtigem Verhalten eine Belohnung in Aussicht stellt, bei falscher Reaktion jedoch die Anwendung von Druck verspricht, baut nach wie vor auf negativer Verstärkung auf, da das Pferd letztlich keine ehrliche Wahl hat.

te mit Pferden und sowohl positive wie auch negative Erfahrungen mit bestimmten Vorgehensweisen gesammelt. Hat etwas scheinbar gut funktioniert, fällt es uns oft schwer, von alten Gewohnheiten zu lassen. Trotzdem sollte man sich im Umgang und bei der Ausbildung seines Pferdes langfristig für eine Trainingsphilosophie entscheiden.

Sicherlich ist es nicht sinnvoll, von heute auf morgen das gesamte Training umzustellen. Sowohl Sie als auch Ihr Pferd müssen in

Viele Probleme bei der Arbeit mit positiver Verstärkung beruhen darauf, dass die Methode nicht konsequent umgesetzt wird oder man unbewusst in alte Verhaltensmuster zurückfällt und so die gerade aufgebaute Motivation und Zuversicht des Pferdes wieder trübt. Solange Sie sich immer wieder ein „Hintertürchen" schaffen, damit Sie das letzte Wort haben, werden Sie immer wieder an den Punkt kommen, an dem Ihr Pferd Ihnen eine vermeintliche Grenze der positiven Verstärkung aufzeigt.

Ein Verhalten, das jahrelang über Druck abgerufen wurde, lässt sich durch den Einsatz von Belohnung nicht „mal eben" auf positiv trimmen. Geben Sie Ihrem Pferd Zeit, sich an seine neue Freiheit zu gewöhnen (es darf „Nein" sagen), bis Sie es glaubhaft überzeugt haben, dass sich Mitarbeit lohnt. Nur wenn Sie sich ernsthaft für diese Methode entscheiden, werden Sie deren gesamtes Potenzial erfahren und auch schwierigste Verhaltensweisen darüber einüben können. Letztlich kann ich Ihnen die Entscheidung, wie Sie trainieren, nicht abnehmen; ich hoffe jedoch, dass meine Ausführungen Ihnen bei der Entscheidung helfen.

Verstärker verstehen – Motivation durch Belohnung

Im Training mit negativer Verstärkung liegt die Motivation des Pferdes darin, die unangenehme Situation zu beenden. Der Verstärker ist das Nachlassen des Drucks und die damit einhergehende Erleichterung. Eine Pause danach oder eine zusätzliche Belohnung werten das Verhalten im besten Fall auf, ändern aber die grundsätzliche Motivation des Pferdes nicht: Das Pferd lernt durch die Wegnahme des Drucks – nicht durch den Erhalt der Belohnung.

Trainieren wir mit positiver Verstärkung, wird das Verhalten nicht durch den Aufbau von Druck initiiert, sondern das Pferd arbeitet von sich aus mit und sucht aktiv nach der richtigen Lösung. Die Mitarbeit muss sich so sehr lohnen, dass das Pferd sich in Erwartung der Belohnung beim nächsten Mal noch mehr engagiert, damit wir daraus Verhalten formen können. Wir brauchen also eine hochwertige Belohnung.

Wie bereits auf Seite 27, „Thorndike, das Gesetz der Bereitschaft", erklärt, muss zunächst ein Bedürfnis vorliegen, damit ein Anreiz zum Lernen besteht. Eine Belohnung befriedigt ein solches Bedürfnis. Damit etwas als Belohnung „funktioniert", muss also erst mal ein Mangel bestehen, der behoben werden kann.

Dabei unterscheiden wir generell 2 Formen von Verstärkern: primäre und sekundäre Verstärker.

PRIMÄRE VERSTÄRKER

Ein primärer Verstärker ist ein natürlicher, also nicht gelernter Verstärker. Er befriedigt ein natürliches und lebenserhaltendes Bedürfnis des Pferdes. Ein solcher Verstärker wäre Futter, da Pferde ein beständiges Fressbedürfnis haben. Aber auch Sozialkontakt, Bewegung und Sexualität wären primäre Verstärker – sie sind nur nicht immer so zielgerichtet und punktuell einzusetzen wie Futter. Futter hat auch den Vorteil, dass man das Belohnen nicht beenden muss, wie zum Beispiel beim Kraulen des Pferdes. Ist das Futter aufgefressen, endet die Belohnung automatisch und man kann das Training fortsetzen. Krault man das Pferd zur Belohnung, ist das Beenden des Kraulens gegebenenfalls unangenehm für das Pferd.

Trotzdem kann Kraulen ein sehr hochwertiger Verstärker sein. Wenn das Pferd gestresst ist und kein Futter nimmt, können Sie mit Kraulen dennoch belohnen. Ein Sommerekzemer wird in der warmen Jahreszeit ebenfalls dankbar sein, wenn Sie ihm beim „Schubbern" behilflich sind. Wichtig ist, dass Sie die richtige Stelle und Intensität finden, damit sich Ihr Pferd dadurch auch wirklich belohnt fühlt.

Die Bemühung des Pferdes wird sich unter anderem danach richten, wie hochwertig es die Belohnung einstuft. Futter steht für die meisten Pferde sehr weit oben in der Prioritätenliste. Hat Ihr Pferd ein Lieblingsfutter? Belohnen Sie eine besonders gute Leistung doch auch einmal mit einem besonders tollen Leckerli.

Den Wert einer Belohnung definiert stets das Pferd, nicht der Trainer. Nicht alles, von dem wir glauben, dass es eine Belohnung ist, empfindet das Pferd auch als eine solche.

Wenn ein Pferd das Kraulen nicht mag, weil es den Menschen bisher nicht kennt oder kitzelig ist, kann ich Kraulen nicht als Belohnung einsetzen. Ist das Pferd gestresst, wird Futter als Belohnung nicht funktionieren.

Für ein bewegungsfreudiges Pferd ist gemeinsames, respektvolles Herumtoben

Ob etwas als Belohnung funktioniert, hängt davon ab, ob es ein natürliches Bedürfnis des Pferdes befriedigt. (Foto: Nadine Golomb)

möglicherweise eine erstrebenswerte Belohnung. Möchte Ihr Pferd sich gern wälzen, können Sie es nach einer erfolgreichen Übung wälzen lassen.

Häufig wird als Belohnung auch „Pause" genannt, da Pferde ein natürliches Bedürfnis nach Komfort und Ruhe haben. Dies ist jedoch nur bedingt richtig. Der menschliche Begriff „Pause" erhält seine Bedeutung erst durch die Gestaltung. Wurde zuvor Druck ausgeübt, ist die Pause, die auf das Nachlassen des Drucks folgt, ein Verstärker. Die eigentliche Verstärkung ist jedoch der nachlassende Druck (negative Verstärkung) – nicht die Pause an sich. Im positiven Pferdetraining kann die Unterbrechung des Trainings durch eine Pause sogar eine Strafe sein. Hier muss das Pferd durch Kraulen oder Futteraufnahme (am Boden liegendes Heu) erst lernen, dass die Pause eine angenehme Unterbrechung des Trainings ist und der Regeneration dient. In beiden Fällen ist die Bedeutung von Pause gelernt. Wenn Sie also das Gefühl haben, eine Pause belohnt Ihr Pferd, hinterfragen Sie ruhig einmal, warum dies so ist.

In manchen Trainingsphilosophien wird als primärer Verstärker auch das Bedürfnis des Pferdes nach Sicherheit propagiert. Dies gründet auf der Annahme, dass eine harmonische Partnerschaft nur möglich sei, wenn der Mensch führt und das Pferd sich unterordnet. Selbstverständlich gehört Sicherheit zu den Grundbedürfnissen eines jeden Lebewesens, aber eine Herde können Sie als Mensch dennoch nicht ersetzen. Statt als

Auch alternative Lobformen können für das Pferd von Bedeutung sein, wenn das Pferd sich hierfür mehr bemüht. (Foto: Friederike Scheytt)

„Anführer" ein bestimmtes Verhalten durchzusetzen, sollten Sie auf positive Trainingstechniken zurückgreifen und so für Ihr Pferd ein verlässlicher und verständiger Partner werden. Eine vertrauensvolle Beziehung ist sicherlich einer der größten Verstärker für die Motivation Ihres Pferdes.

Für den gezielten Einsatz primärer Verstärker ist es wichtig, sein Pferd gut zu beobachten und zu kennen. Machen Sie eine Liste mit allen Dingen, von denen Sie glauben, dass Sie Ihrem Pferd gefallen. Probieren Sie aus, ob Sie richtig liegen: Bemüht sich Ihr Pferd durch den wiederholten Einsatz der gewählten Belohnung mehr (ohne dass Sie Druck angewandt haben), hat die gewählte Handlung einen Verstärkercharakter. Beobachten Sie dabei genau, wann welche Belohnung angebracht ist.

SEKUNDÄRE VERSTÄRKER

Ein sekundärer Verstärker ist ein gelernter Verstärker. Er erhält seine Bedeutung durch Lernerfahrungen. Durch wiederholtes Verknüpfen eines sekundären Verstärkers mit einem primären Verstärker kann auch ein sekundärer Verstärker eine sehr hohe Bedeutung für das Pferd erlangen. Dies ist vor allem davon abhängig, wie häufig und zuverlässig auf den sekundären Verstärker ein primärer Verstärker folgt. Je öfter nach einem sekundären Verstärker der eigentliche, primäre Verstärker ausbleibt, desto geringer ist der Wert des sekundären Verstärkers.

Der gängigste sekundäre Verstärker ist sicherlich unsere Stimme. Die Stimme selbst hat für das Pferd zunächst einmal keine Bedeutung. Erst in Verbindung mit unserer Körpersprache, unseren Emotionen und den folgenden Konsequenzen wie Nachlassen von Druck, Kraulen oder Futtergabe lernt das Pferd, die Bedeutung unserer Stimme zu entschlüsseln und, wie in diesem Fall, als positiv einzustufen. Vergessen Sie jedoch nicht: Erst durch die Verknüpfung mit einem primären Verstärker wird die Stimme zu einem wirksamen sekundären Verstärker.

Natürlich können Sie Ihre Stimme auch weiterhin „einfach so" einsetzen, um Ihrem Pferd zu signalisieren, dass es etwas richtig gemacht hat. Und wenn Ihr Pferd Ihre Stimme vorrangig mit Angenehmem verbindet, ist dies zumindest auch der Hinweis für das Pferd: „Richtig gemacht!"

Dennoch stößt man bei der Arbeit mit positiver Verstärkung schnell an Grenzen, wenn man ausschließlich mit Stimmlob oder alternativen Lobformen arbeiten möchte.

Die wenigsten Pferde sind bereit, sich (ohne Initialdruck!) hierfür anzustrengen und Verhalten anzubieten.

Häufig scheint es nur so, als bemühe sich das Pferd für ein Stimmlob, dabei sind in Wirklichkeit andere Verstärker im Spiel, etwa nachlassender Druck oder sporadisches Futterlob.

Das Markersignal, das bei der Arbeit mit positiver Verstärkung eine wichtige Rolle spielt, ist ebenfalls ein sekundärer Verstärker. Indem ein akustisches Signal wiederholt mit Futter in Verbindung gebracht wird, lernt das Pferd, dieses als Ankündigung von Futter zu verstehen. Das Markersignal bringt neben der Möglichkeit von genauem Belohnungstiming noch eine Reihe von Vorteilen mit sich, auf die ich im Praxisteil des Buches genauer eingehen werde.

Übungen oder Signale, die im Training „positiv" aufgeladen wurden, sind ebenfalls sekundäre Verstärker. Viele Pferde lieben es, auf einem Podest zu stehen. Dies ist zum einen deshalb der Fall, weil die meisten Pferde die erhabene Position mögen, zum anderen, weil das Podest selten oder nie in Verbindung mit Druck oder Strafe erarbeitet wird. Stattdessen wird das Pferd jedes Mal belohnt, wenn es darauf steht. Deshalb macht es das Podest gern zum Ziel seines Handelns. Das Signal („Aufs Podest") selbst kündigt dem Pferd also die Möglichkeit an, sich gleich eine Belohnung zu verdienen, und wirkt damit ebenfalls verstärkend. Dies zu wissen ist besonders wichtig, um ungewollte Verhaltensketten zu vermeiden. Verhält sich Ihr Pferd vor dem Signal „unhöflich" und scharrt oder zappelt herum, so bestärken Sie dieses Verhalten mit, wenn Sie Ihrem Pferd trotzdem das Signal für das Podest geben. Es wird also in Zukunft möglicherweise auch scharren, bevor es aufs Podest steigt. Daher ist es wichtig, stets auch das Verhalten vor dem Signal im Auge zu behalten und gegebenenfalls lieber einen Moment länger abzuwarten, bevor Sie ein Signal geben oder eine Übung beginnen.

TERTIÄRE VERSTÄRKER – VERLAUFSLOB UND ÜBERBRÜCKUNGSSIGNALE

Nun wird es noch einmal knifflig – aber auch wichtig. Dabei ist die Erklärung gar nicht so kompliziert. An erster Stelle haben wir den primären Verstärker. An zweiter Stelle steht der sekundäre Verstärker, der durch die Verknüpfung mit einem primären Verstärker als Lob fungiert. Und nun kommt als Drittes der „tertiäre" Verstärker ins Spiel, der wiederum einen sekundären Verstärker ankündigt. Nach der Nennung des tertiären Verstärkers folgt also der sekundäre Verstärker, auf den ein primärer Verstärker folgt. Eigentlich doch gar nicht so schwer.

In der Praxis sprechen wir hier von einem Verlaufslob oder einem Überbrückungssignal. Dabei kann der tertiäre Verstärker verschiedene Aufgaben übernehmen. Er ist nützlich, wenn Sie möchten, dass Ihr Pferd ein Verhalten über eine längere Dauer ausführt und dies nicht durch die Anwendung des Markersignals unterbrochen werden soll. Das Verlaufslob stellt dem Pferd eine Belohnung in Aussicht, wenn es das gewünschte Verhalten aufrechterhält.

Ein tertiärer Verstärker wird auch eingesetzt, um die Motivation des Pferdes zu erhalten, wenn es sich noch auf der Suche nach der richtigen Lösung befindet. Hier ist es zu vergleichen mit einem „Heiß" beim Topfschlagen und sagt dem Pferd, dass es bereits ganz nah am Zielverhalten angekommen ist.

Streng genommen könnte man hier noch eine weitere Unterteilung vornehmen in „Mach weiter" und „Du bist nah dran", doch die wenigsten sind hier so konsequent, weshalb eine Mischform durchaus praktikabel ist.

Ähnlich wie beim Markersignal sollten Sie sich auch hier ein festes Signal suchen. Ich verwende ein freudiges „Richtig", weil es ein kurzes, für mich sehr positiv belegtes Wor ist und ich nichts Ähnliches im Signalfundus habe.

Das Verlaufslob zeigt dem Pferd, dass es auf dem richtigen Weg ist – ohne das Verhalten zu unterbrechen. (Foto: Friederike Scheytt)

Damit das Verlaufslob für das Pferd auch wirklich motivierend ist, sollten sie ihm das Markersignal das Markersignal und die anschließende Futterbelohnung folgen lassen. Konditionieren Sie dies zunächst, indem Sie während einer Übung das Verlaufslob geben.

Führt Ihr Pferd die Übung weiterhin aus, folgt im Abstand von 1 bis 2 Sekunden das Markersignal nebst Belohnung. Im weiteren Verlauf dehnen Sie die Zeitspanne zwischen Verlaufslob und Markersignal immer weiter aus. Wichtig ist hierbei, dass das Verhalten des Pferdes nach dem Verlaufslob bestehen bleibt und Sie niemals unmittelbar danach mit einem primären Verstärker belohnen. Denn nur dann unterstützt das Verlaufslob auch tatsächlich den Verlauf der Übung.

Gehen Sie mit diesem Trainingswerkzeug umsichtig um und reizen Sie das Verlaufslob nicht zu sehr aus. Bricht Ihr Pferd trotz des Lobes immer wieder ab, haben Sie zu hohe Anforderungen gestellt. Dies trübt nicht nur die Motivation, sondern schwächt auch das Signal.

Stellen Sie sich vor, Sie joggen mit einem Personal Trainer. Irgendwann wird es anstrengend für Sie. Während Sie gedanklich schon in der Laufpause sind, ruft Ihr Trainer Ihnen ein paarmal „Los jetzt, du schaffst das, es ist nicht mehr weit!" zu und signalisiert Ihnen damit das baldige Trainingsende. Daraufhin mobilisieren Sie noch mal die letzten Kräfte, da Sie wissen, dass Ihr Trainer Ihre Fähigkeiten einschätzen kann; schließlich hat es die letzten Male gut funktioniert. Nachdem Sie noch einmal richtig Gas gegeben haben, beendet Ihr Trainer den Lauf, lobt Sie, und Sie beide freuen sich an Ihrem Erfolg. Der Ansporn Ihres Trainers ist zu einem tertiären Verstärker geworden.

Was aber, wenn Ihr Trainer Sie in der Vergangenheit während eines Laufs mehrfach angefeuert hätte, daraufhin aber trotzdem nicht bald Schluss war und Sie vielmehr aufgeben mussten, weil Ihre Kräfte am Ende waren? Das Anfeuern Ihres Trainers hätte schon bald keinen anspornenden Charakter mehr für Sie, weil darauf wiederholt keine Bestärkung erfolgte. Ihr Trainer hat Ihre Kondition nicht genügend aufgebaut und kann Ihre Kräfte nicht einschätzen.

Wenn Sie also an der Dauer eines Verhaltens arbeiten, sollten Sie darauf achten, dass Sie das gewünschte Verhalten zunächst sorgfältig trainieren. Versuchen Sie nicht, durch frühzeitigen Einsatz des Verlaufslobs über unzureichenden Trainingsaufbau hinwegzutäuschen. Für ausreichendes Training gibt es keine Abkürzung. Erklären Sie Ihrem Pferd zuerst, was Sie wollen, bevor Sie mehr davon verlangen.

Richtig konditioniert sorgt das Verlaufslob für einen Motivationszuwachs, weil das Pferd sich in Erwartung der Belohnung noch etwas mehr anstrengt.

Signale, Kommandos und wegweisende Hilfen

In der Arbeit mit Pferden unterscheiden wir Signale, Kommandos und Hilfen.

Bei Signalen handelt es sich um „Vokabeln", die das Pferd über positive Verstärkung gelernt hat. Das Pferd zeigt auf ein Signal ein bestimmtes Verhalten, weil es weiß, dass eine Belohnung folgt. Reagiert es nicht, hat das niemals unangenehme Konsequenzen für das Pferd, sondern bedeutet lediglich, dass es keine Belohnung erhält. Auf ein Signal sollte also eine freudige Reaktion folgen, weil das Pferd dieses mit Angenehmem verbindet.

Während das Wort „Signal" eine weitgehend wertfreie Wortherkunft aus dem Lateinischen hat („signalis" = „dazu bestimmt" und „signum" = „ein Zeichen"), leitet sich das Wort „Kommando" von „commendare" = „befehlen" ab. Ein Kommando unterscheidet sich vom Signal also dadurch, dass seine Ausführung auch dann nicht infrage gestellt wird, wenn die Motivation dazu gering ist – ansonsten folgen unangenehme Konsequenzen. Dies kann ein Aufrechterhalten oder Erhöhen von Druck sein. Ein Kommando hat also einen deutlichen Befehlscharakter und wird daher auch in Zusammenhang mit der negativen Verstärkung genutzt.

Ob etwas also ein Signal oder ein Kommando darstellt, hängt von der Lernhistorie ab und davon, was passiert, wenn das Pferd nicht wie gewünscht reagiert. Beiden liegt eine unterschiedliche Einstellung und Erwartungshaltung zugrunde.

Wenn wir mit unserem Pferd kommunizieren, sind wir darauf angewiesen, eine gemeinsame Sprache zu entwickeln. Naturgemäß kommunizieren Pferde vor allem über Körpersprache, weshalb es sich anbietet, unsere Verständigung auf körpersprachlichen Signalen aufzubauen. Pferde sind sehr feinsinnig und nehmen auch kleinste Veränderungen wahr. Sie erkennen, ob wir angespannt oder entspannt sind, in welche Richtung unser Körper fokussiert ist und ob wir mit ihm fordernden Druck ausüben oder einladend wirken. Deshalb ist es so wichtig, seinen Körper gut kontrollieren zu können.

Doch auch unsere Stimme ist ein wichtiges Kommunikationsmittel. Sie kann dem Pferd helfen, Übungen besser voneinander abzugrenzen, wenn sich die körpersprachlichen Signale ähneln. Gut ausgebildete Pferde führen Übungen sogar nur auf ein Stimmsignal aus (wenn man dies entsprechend sorgfältig trainiert). Bei Belohnungen ist die Stimme außerdem ein wichtiges Werkzeug, damit wir unser Lob korrekt timen können.

Zusätzlich zu optischen oder akustischen Signalen können wir uns dem Pferd auch durch körperliche Einwirkung verständlich machen. Dies kann mit der Hand oder auch mit Hilfsmitteln wie Gerte oder Stick geschehen. Manchmal tut sich das Pferd beim Finden der richtigen Lösung so schwer, dass es weitere Unterstützung durch den Menschen benötigt. In diesem Fall hat der angewandte (moderate!) Druck einen wegweisenden Charakter (siehe auch Kapitel „Verhalten erarbeiten > Shaping > Modelling", Seite 69 f.).

Ihrer Natur gemäß reagieren Pferde besonders gut auf Körpersignale. (Foto: Friederike Scheytt)

EINFÜHREN UND ÄNDERN VON SIGNALEN

Wie bereits im vorherigen Abschnitt erklärt, müssen wir unserem Pferd die Bedeutung von Signalen erst erklären. Oftmals ergeben sich bei der Arbeit Signale, weil wir uns in einer bestimmten Art bewegen, um eine Bewegung des Pferdes einzuleiten, oder weil wir mit Hilfsmitteln oder Hilfen arbeiten. Hier ist es nur wichtig, dass Sie sich bereits zu Beginn Gedanken darüber machen, welche Signale Sie zukünftig geben möchten, und dann auch dabei bleiben. Überlegen Sie sich, welche Signale sinnvoll sind, und vor allem, welches Signal „das wichtigste" ist. Wenn Sie zum Beispiel mit Ihrem Pferd am Seil arbeiten, beginnen Sie nicht mit dem Annehmen des Seils, sondern geben Sie erst Ihr körpersprachliches Signal, wenn Sie möchten, dass Ihr Pferd auf Ihre Körpersignale reagieren lernt.

Bei der Arbeit mit positiver Verstärkung kommt es allerdings häufig vor, dass wir zuerst das Verhalten trainieren und später ein Signal hierfür einführen. Das mag sich zunächst etwas verwirrend anhören, ergibt aber durchaus Sinn. Formen wir ein Verhalten frei über positive Verstärkung, beginnen wir nicht mit dem gewünschten Zielverhalten, sondern arbeiten uns kleinschrittig voran. Wir können uns also nicht sicher sein, dass das Pferd unser Signal auch mit dem gewünschten Endverhalten verknüpft oder mit einem der vielen anderen Verhaltensansätze, die es auf dem Weg dorthin zeigt. Stellen Sie sich vor, Sie möchten Ihrem Pferd das Kopfsenken beibringen. Sie warten, bis Ihr Pferd den Kopf senkt, und belohnen es. Würden Sie jetzt bereits ein Signal geben, wäre die Wahrscheinlichkeit, dass Ihr Pferd etwas ganz anderes tut, relativ hoch – schließlich können Sie nicht hellsehen, und Ihr Pferd hat noch nicht gelernt, das Verhalten auf das Signal hin tatsächlich zu zeigen. Sie warten also weiter ab und belohnen jede Ausführung des Pferdes, bis das Pferd verstanden hat, dass auf ein Kopfsenken eine Belohnung folgt. Das Pferd fragt quasi: „Ist dies das von dir gewünschte Verhalten?", indem es den Kopf senkt. Erst jetzt führen Sie das Signal ein,

egal, ob es sich dabei um ein Sichtzeichen oder ein verbales Signal handelt.

Um ein Signal einzuführen, bringen Sie dieses möglichst etwa 2 Sekunden vor dem gewünschten Verhalten an oder, falls dieses nicht möglich ist, während des Verhaltens. Erinnern Sie sich noch an Pawlow? Tritt ein Reiz immer in Zusammenhang mit einem Verhalten auf, wird der Reiz zum Auslöser für das Verhalten. Bei unserem Signal handelt es sich genau um einen solchen Reiz. Sagen Sie also „Kopf tief" oder senken die

Auch einfache optische Reize können Signale darstellen. Tarek lernt, Farben zu unterscheiden.
(Foto: Friederike Scheytt)

Hand, kurz bevor das Pferd den Kopf senkt, und wiederholen dieses, bis Ihr Pferd das Signal mit dem Verhalten verknüpft hat. Wie oft Sie dies wiederholen müssen, ist unterschiedlich. Bei den meisten Pferden reichen ungefähr 20 Wiederholungen, bis das Signal zum gewünschten Verhalten führt.

Wenn Sie für ein Verhalten ein Stimmsignal nutzen oder ein bestehendes Signal ändern möchten, so können Sie das neue Signal einfach dem alten voranstellen. Das neue Signal kündigt zunächst einige Male das alte Signal an, bevor das alte Signal weggelassen werden kann und das neue allein zur Ausführung ausreicht.

Grenzen Sie Ihre Signale klar voneinander ab. Dies ist besonders wichtig, wenn Sie später mit Stimmsignalen arbeiten möchten. Wenn Sie mehrere Signale gleichzeitig geben, wird Ihr Pferd zukünftig stets alle Signale benötigen, bevor es das gewünschte Verhalten zeigt. Insbesondere Stimmsignale neigen dazu, durch andere Signale „überschattet" zu werden. Wenn Sie das Stimmsignal geben, stehen Sie also ruhig da, damit Ihr Pferd auch wirklich auf das Stimmsignal konditioniert wird. Wenn Sie sich irgendwie bewegen, während Sie das Stimmsignal geben, wird Ihr Pferd dieses „Körpersignal" mit dem Stimmsignal verbinden und die Übung erst ausführen, wenn Sie sich bewegen.

SIGNALKONTROLLE

Sicherlich haben Sie schon häufig bei sich gedacht: „Ich hab doch noch gar nicht gefragt ...", wenn Ihr Pferd für Sie unerwartet eine Übung vorweggenommen hat. Vermutlich ist dies passiert, wenn Sie mit Belohnung gearbeitet haben oder die Übung dem Pferd besonders leichtfällt.

Auch wenn es dann den Anschein hat, dass Pferde unsere Gedanken lesen können, so sind sie vor allem in der Lage, Signale zu deuten, auch wenn sie noch so „fein" sind. Im Grunde genommen ist alles, was zur Ausführung eines Verhaltens führt, auch ein Signal. Alles, was Sie unmittelbar vor einem Verhalten tun – Körperhaltung, Berührung, Gertensignal, ein optischer Reiz oder Einsatz der Stimme –, kann somit zu einem Signal werden, ob Sie es wollen oder nicht.

Im konventionellen Pferdetraining beziehungsweise dem Training mit negativer Verstärkung sieht das Pferd selten einen Grund, ein Kommando vorwegzunehmen. Es wartet auf das Kommando und erst dann kommt die Ausführung. Das liegt daran, dass das Pferd hier aufgrund von Vermeidung reagiert und nicht aus eigenem Antrieb. Solange das Kommando nicht gegeben wird, gibt es auch keinen Grund, das Verhalten zu zeigen.

Im Training mit positiver Verstärkung sieht dies ein wenig anders aus. Hier hat das Pferd durch die entsprechende Belohnung immer auch eine hohe Motivation, das Verhalten zu zeigen. Schließlich hat sich das Verhalten bereits häufig gelohnt, und in vielen Fällen hat das Pferd auch noch Spaß daran, die Lektionen vorzuführen. Wir müssen uns also nur darum kümmern, die Motivation des Pferdes in gewünschte Bahnen zu lenken.

Führt ein Pferd das Verhalten ungefragt aus, kann das für uns selbst schnell unan-

Gerade bei Verhaltensweisen, die dem Pferd leichtfallen, ist Signalkontrolle wichtig. (Foto: Friederike Scheytt)

genehm werden. Stellen Sie sich vor, Sie bringen Ihrem Pferd den Spanischen Schritt bei und Ihr Pferd zeigt diesen von nun an ständig. Das ist nicht nur nervig, weil Sie ständig aufpassen müssen, dass das Pferd Sie nicht fehlinterpretiert, sondern kann auch ziemlich schnell wehtun.

Auch für das Pferd ist mangelnde Signalkontrolle sehr unbefriedigend. Es kann für das Pferd ein hoher Stressfaktor sein, nicht zu wissen, wann das Verhalten gefragt ist und wann nicht. Mal wird es für sein Verhalten belohnt und mal nicht oder im schlimms-ten Fall sogar bestraft, weil der Mensch sich nicht anders zu helfen weiß. So leiden nicht nur die Konzentration, sondern auch die Motivation und die Beziehung auf lange Sicht. Feine Kommunikation ist nur möglich, wenn das Pferd „zuhört" und nicht wahllos irgendwelche Lektionen abspult.

Was bedeutet also Signalkontrolle genau und wie funktioniert sie?

Ein Verhalten steht dann unter Signalkont-rolle, wenn:

• das Signal zuverlässig zur Ausführung führt (orts- und situationsunabhängig);

- das Verhalten ohne Signal nicht gezeigt wird;
- das Verhalten nicht bei einem anderen Signal gezeigt wird;
- bei dem Signal kein anderes Verhalten gezeigt wird.

Nach der Einführung des Signals sollten Sie darauf achten, dass Sie das Signal zunächst nur dann abfragen, wenn Sie sich sicher sind, dass Ihr Pferd Ihrer Aufforderung nachkommen wird. Dies ist ein entscheidender Faktor, denn jedes Mal, wenn Ihr Pferd dies nicht tut, schwächen Sie das Signal, und eine Ausführung wird unwahrscheinlicher. Sie müssen also lernen einzuschätzen, wann ein guter Zeitpunkt ist.

Stellen Sie sich vor, Sie haben Ihrem Pferd beigebracht, auf ein Stimmsignal zu Ihnen zu kommen. Im Training hat dies bisher gut geklappt, und nun gehen Sie auf die Koppel und rufen. Ihr Pferd läuft dabei gerade mit seinen Pferdefreunden aufgeregt hin und her. Sie wiederholen das Signal, aber Ihr Pferd kommt nicht. Das Signal wird geschwächt, weil auf eine nicht erfolgte Ausführung logischerweise auch keine positive Konsequenz folgt. Sinnvoller ist es, das Signal erst zu festigen und nur in Situationen zu benutzen, in denen die Ausführung gesichert ist.

Nach und nach trainieren Sie das Signal dann unter Ablenkung, auf größere Distanz oder an unterschiedlichen Orten.

Vermeiden Sie häufige Wiederholungen des Signals, sondern geben Sie das Signal nur ein Mal. Wenn Sie sauber gearbeitet haben, sollte dies zur Ausführung ausreichen. Die Wiederholung eines Signals hat unter Umständen zur Folge, dass das Verhal-ten nur noch unter „Dauerbeschallung" abgerufen werden kann, weil sich das Pferd auch an diese als Signal gewöhnt hat.

Die aktive Signalkontrolle, also dass auf ein Signal zuverlässig eine Ausführung folgt, stellt selten ein Problem dar. Schwerer fällt den meisten die passive Signalkontrolle, also dass das Pferd die Lektion nicht ungefragt ausführt. Denn gerade, wenn man vorher konventionell trainiert hat, ist man es nicht gewohnt, dass das Pferd so „übermotiviert" ist.

Ein wichtiger Punkt auf dem Weg zur Signalkontrolle ist, dass Sie Ihr Pferd nach dem Einführen des Signals auf keinen Fall mehr für eine ungefragte Ausführung belohnen. Ihr Pferd muss lernen, dass dies nicht mehr zum Erfolg führt. Bei einfachen Übungen, die Ihr Pferd gern und häufig ausführt, kann man das Signal einige Male hintereinander abfragen und belohnen und dann eine kurze Pause machen. Wenn das Pferd nun das Verhalten ungefragt ausführt, belohnen Sie es einfach nicht und warten einen Moment, bevor Sie das Verhalten abfragen und erneut belohnen.

Häufig reicht dies allein allerdings nicht aus, denn im Grunde genommen ist es für das Pferd nicht sinnvoll, die Lektion nicht zu zeigen. Schließlich haben Sie dieses Verhalten oft bestärkt, und es hat dadurch eine sehr lange Belohnungshistorie. Wenn Sie möchten, dass Ihr Pferd genauso gut ruhig neben Ihnen stehen bleiben kann, wie es beim Spanischen Schritt die Beine hebt, müssen Sie dieses Verhalten auch genauso oft belohnen. Eigentlich sogar häufiger, wenn Ihnen das Stillstehen wichtiger ist. Das ist auch einer der Gründe, warum Tricks häufig besser funktionieren als der „Alltagsgehorsam", sie haben sich schlichtweg öfter für das Pferd gelohnt. Das Ausbleiben der Belohnung bei ungefragter Ausführung ist für viele Pferde zu wenig Anreiz, um abzuwarten. Schließlich wird das Verhalten an anderer Stelle sicher wieder belohnt werden.

In der Praxis kann dies also manchmal ganz schön aufwendig sein. Stellen Sie sich vor, Sie haben Ihrem Pferd den Spanischen Schritt beigebracht. Auf Ihr Gertensignal hin führt Ihr Pferd das Verhalten nun aus. Allerdings nimmt Ihr Pferd Ihnen die Ausführung häufig vorweg oder zeigt den Spanischen Schritt auch dann, wenn Sie mit der Gerte in der Hand neben ihm stehen. Für das Pferd ist das eine logische Handlung, denn bisher war es wahrscheinlich, dass es hierfür eine Belohnung gab. Suchen Sie sich also eine Position, die nah an Ihrer Signalposition ist, bei der Ihr Pferd aber noch still stehen kann. Nun belohnen Sie Ihr Pferd einige Male für das ruhige Stillstehen mit beiden Vorderbeinen am Boden. Idealerweise kennt Ihr Pferd die Nullposition bereits (siehe Seite 83 ff.). Nun bewegen Sie sich allmählich in die Position für den Spanischen Schritt.

Machen Sie dabei so viele Zwischenschritte, dass Sie Ihr Pferd für das Stillstehen belohnen können. Wenn Ihr Pferd nun verstanden hat, dass es stehen bleiben soll, geben Sie die Hilfe für den Spanischen Schritt – in der Regel wird dies ein Signal mit der Gerte sein – und belohnen Sie dessen Ausführung. Verändern Sie Ihre Position und die der Gerte und belohnen Sie das Pferd jedes Mal, wenn es dabei still steht, für die Nichtausführung. Vielleicht müssen Sie auch am Schritt arbeiten, ohne dass Ihr Pferd den Spanischen Schritt zeigt,

oder Sie üben das Bewegen der Gerte vor dem Pferd, ohne dass Sie es dabei touchieren. Trainieren Sie dies, bis Ihr Pferd verstanden hat, dass nur das gelernte Signal – nämlich das Berühren des Beins mit der Gerte und gegebenenfalls das Stimmsignal – den Spanischen Schritt abrufen soll.

Für jedes Verhalten gibt es auch ein Gegenverhalten: Für das Kopfsenken das Stehenbleiben mit erhobenem Kopf, für das „Nein-sagen" das Ohren-Anfassen, für den Spanischen Schritt den normalen Schritt ... Achten Sie darauf, dass Sie ein gutes Gleichgewicht halten.

Signalkontrolle ist ein wichtiger Bestandteil des positiven Trainings und schafft Klarheit in der Kommunikation. (Foto: Nadine Golomb)

(Foto: Nadine Golomb)

Positives Pferdetraining
IN DER PRAXIS

Ein klares System – keine Belohnung ohne Leistung

Futter ist, wie wir jetzt wissen, ein sogenannter primärer Verstärker. Das bedeutet, dass sich die Arbeit mit Futter für das Pferd besonders lohnt und das Training deshalb effektiv ist. Trotzdem haben viele Menschen Vorbehalte, weil sie befürchten, dass ihr Pferd aufdringlich wird, anfängt zu betteln oder gar zu beißen.

Um nicht nur effektiv, sondern auch stressfrei mit Futter arbeiten zu können, braucht es neben dem theoretischen Verständnis ein klares, auch für das Pferd leicht verständliches System. Dass die eigene Konsequenz und Selbstdisziplin hierbei eine wichtige Grundvoraussetzung ist, dürfte Sie nicht überraschen. Ihr Pferd muss verstehen, dass es Futter nur in Verbindung mit gewünschter Leistung gibt.

Zugegeben, das Märchen vom händefressenden, zappelnden Leckerlimonster ist nicht frei erfunden – das hat allerdings nichts mit der Belohnung an sich zu tun, sondern ist stets auf Trainingsfehler zurückzuführen. Im Gegensatz zur Arbeit mit negativer Verstärkung belohnen Sie bei der Arbeit mit positiver Verstärkung immer irgendetwas. Also auch die Dinge, die Sie nicht haben möchten oder die „nebenbei" anfallen, während Sie die eigentlich richtige Reaktion Ihres Pferdes belohnen. Es ist also wichtig zu wissen, was

Das Arbeiten mit positiver Verstärkung macht das Training und Zusammensein mit dem Menschen lohnenswert. (Foto: Friederike Scheytt)

man tut und wie man das Training sinnvoll aufbaut, denn das Ergebnis ist immer abhängig davon, ob der Mensch sein Handwerk versteht. Das Pferd tut stets „das Richtige", und was man bekommt, ist immer das, was man zuvor belohnt hat. Es ist sinnlos, sich hier etwas vorzumachen: Wenn das Pferd sich nicht wie gewünscht verhält, sollten Sie Ihr System hinterfragen.

Doch das soll Sie nicht davon abhalten, mit positiver Verstärkung anzufangen. Das Tolle ist, dass es ein sehr flexibles System ist und Fehler sich recht schnell wieder ausbügeln lassen.

Gestehen Sie sich und dem Pferd also einen Lernprozess zu, denn ein höfliches Pferd bekommt man nicht geschenkt – man muss es sich erarbeiten.

Der erste Schritt auf dem Weg zum höflichen Pferd ist das Befolgen der wichtigsten Regel: Keine Belohnung ohne Leistung. Für nichts gibt es auch nichts! Das mag vielleicht herzlos klingen, doch für das Pferd ist so ein Verhalten folgerichtig. Wenn Sie belohnen, sollte immer eine entsprechende Leistung vorausgegangen sein.

Wenn Sie zwischendurch das Bedürfnis haben, Ihrem Pferd ein Leckerli zuzustecken, sollten Sie es vorher eine Kleinigkeit dafür tun lassen. Und wenn es nur das Senken des Kopfes oder ein paar Schritte Rückwärtsgehen ist. Das gilt auch für das Begrüßungs- und Verabschiedungsleckerli. Rituale und Ausnahmen können Sie sich erlauben, wenn Sie beide die Grundregeln des höflichen Miteinanders verinnerlicht haben. Vorher führt das nur zu Verwirrung.

DAS MARKERSIGNAL

Wenn wir nun die Belohnung an eine entsprechende Leistung koppeln, stellt uns das vor eine weitere Aufgabe: Pferde verbinden die Belohnung mit dem Verhalten, das der Belohnung zeitlich am nächsten ist. Wir belohnen also das Verhalten, auf das innerhalb von etwa 2 Sekunden eine Belohnung erfolgt, aber auch jegliches Verhalten, das ebenfalls in dieser Zeit gezeigt wird. Es ist also wichtig, den exakten Zeitpunkt des richtigen Verhaltens zu markieren und so die Zeit, bis die Belohnung im Maul des Pferdes ist, zu überbrücken. Dies schaffen wir, indem wir mittels klassischer Konditionierung ein sogenanntes Markersignal etablieren, ein akustisches Signal, das genau dann ertönt, wenn das richtige Verhalten gezeigt wird. Sie müssen sich also darüber im Klaren sein, was Sie eigentlich belohnen möchten – und dann rasch handeln, denn das gewünschte Verhalten wird meist nur in einem einzigen, sehr kurzen Augenblick gezeigt. Stellen Sie sich vor, Sie werfen einen Ball in die Höhe und möchten den höchsten Punkt der Flug-

bahn markieren. Alles, was davor oder danach erfolgt, ist tendenziell eher richtig oder eher falsch. Wirklich richtig ist jedoch nur dieser eine kurze Moment, wenn der Ball den höchsten Punkt erreicht hat. Gutes Timing ist wichtig, denn im Training kann sich in weniger als 1 Sekunde entscheiden, ob Ihr Pferd lernt, höflich zu sein, oder zukünftig unerwünschtes Verhalten zeigt.

Genau genommen ist jedes Stimmlob, auf das von Zeit zu Zeit ein primärer Verstärker folgt, ebenfalls ein Markersignal. Sie belohnen Ihr Pferd demnach auch dann, wenn Sie nach dem Stimmlob keine weiteren Verstärker wie Futter oder Kraulen einsetzen. Wie effektiv ein Stimmlob verknüpft wurde, haben Sie vielleicht selbst schon einmal festgestellt, wenn Ihr Pferd nach einem lobenden Wort auf einmal stehen blieb oder Sie fragend nach Futter anblickte. Das Pferd hat verknüpft: Stimmlob = Pause/Futter. Damit Sie zukünftig solche Missverständnisse vermeiden, ist es wichtig, dass Sie sich für ein Markersignal entscheiden, das zukünftig eine Belohnung durch Futter ankündigt. Mit Futterlob wird nur noch dann belohnt, wenn Sie ein richtiges Verhalten durch das Markersignal markiert haben. Im Umkehrschluss bedeutet dies auch, dass auf das Markersignal immer Futter folgen muss. Diese Zuverlässigkeit ist ein wichtiger Baustein für ein höfliches Pferd. Zum einen soll das Pferd wissen, dass es sich darauf verlassen kann und sich nach dem Markersignal nicht weiter bemühen, also auch nicht betteln muss. Zum anderen fördert diese Zuverlässigkeit die Motivation. Schon wenn wenige Male keine Belohnung nach dem Markersignal erfolgt,

Der Clicker ist besonders präzise und gilt als klassisches Markersignal.
(Foto: Friederike Scheytt)

cken müssen, wie etwa den Clicker. Ein verbales Markersignal sollte ein kurzes, prägnantes und möglichst einsilbiges Wort sein, was Ihrem Pferd bisher unbekannt ist. Ich verwende gern „Keks", weil es fast immer gleich klingt, sehr kurz ist und die meisten Pferde das Wort noch nicht kennen. Auch für den Menschen ist es leichter, wenn das Wort noch nicht im pferdischen Wortschatz vorhanden ist, da ein Umlernen häufig schwierig ist und man das Wort doch hin und wieder ungewollt verwendet und so das Pferd verwirrt. Mehrsilbige Worte oder Worte mit langen Vokalen wie „prima" oder „braaaaav" sind nicht ganz so präzise und man neigt dazu, sie in die Länge zu ziehen oder sie ungewollt als Emotionsträger zu nutzen. Hinzu kommt, dass viele Pferde durch unseren ständigen Gebrauch der Stimme nicht mehr so sensibel sind. Sie sind ständig damit beschäftigt, wichtige von unwichtigen Geräuschen zu unterscheiden, sodass das Markersignal gern auch mal untergeht. Ob ein verbales Markersignal funktioniert, hängt also vor allem davon ab, wie Sie es verwenden und wie konsequent Sie in der Umsetzung sind.

Das klassische Markersignal ist ein Clicker, wie er auch im Hundesport verwendet wird: eine kleine Plastikbox mit einer Metalllasche für den Daumen oder einem Knopf zum Drücken.

Der Clicker hat gegenüber allen anderen Markersignalen einen entscheidenden Vorteil: Er wird nicht interpretiert. Während ein Wort zunächst vom zentralen Nervensystem als solches wahrgenommen und dann hinsichtlich Klang und Bedeutung interpretiert

sinkt die Motivationskurve rapide ab. Wie würden Sie reagieren, wenn Ihr Chef Ihnen mitteilt: „Am Ende des Monats bekommen Sie Ihr Gehalt – vielleicht"?

Bei der Wahl des Markersignals haben Sie verschiedene Möglichkeiten. Entweder Sie verwenden einen verbalen Marker, also Ihre Stimme, einen Clicker oder alternativ den „Zungenclick". Die Wirkung ist ähnlich, es gibt jedoch feine Unterschiede in der Verwendung.

Der Vorteil eines Lobwortes ist, dass Sie die Hände freihaben und nichts extra einste-

werden muss, wird das eindeutige, mechanische Geräusch des Clickers quasi ohne Verzögerung im entsprechenden Teil des Gehirns verarbeitet. Dem Menschen fällt es außerdem im Training leichter, sich auf Details zu fokussieren, wenn sie einen Clicker als Marker benutzen.

Wenn Sie die Benutzung eines mechanischen Clickers scheuen oder sich aus praktischen Gründen dagegen entschieden haben, können Sie alternativ zur Stimme auch den Zungenclick als sekundären Verstärker einsetzen. Das bedeutet, dass Sie mit der Zunge ein „Clickgeräusch" machen, das ähnlich neutral wie ein mechanischer Clicker klingt. Den Zungenclick sollte man unbedingt vor der Benutzung am Pferd üben, damit er sich immer möglichst identisch anhört und sich von weiteren Stimmhilfen wie „Schnalzen" und „Küsschengeben" abhebt.

Sie sollten den Zungenclick ohne großes Nachdenken ausführen können. Lassen Sie Ihren Kiefer möglichst locker, drücken Sie mit Ihrer Zungenspitze gegen den Gaumen und lösen Sie sie dann mit Schwung nach unten-vorn.

Wenn Sie mit dem „Zungenclick" schnell sind, kann dieser ähnlich effektiv sein wie ein mechanischer Clicker.

DAS RICHTIGE BELOHNUNGSFUTTER

Wenn Sie systematisch mit Futterbelohnung arbeiten möchten, ist die Wahl des richtigen Belohnungsfutters wichtig, denn die Motivation ist stark abhängig vom Wert der Belohnung.

In der Anfangszeit kann Futter ein großer Stressfaktor für Ihr Pferd sein, weshalb die Belohnung zunächst möglichst niedrigwertig sein sollte. Mit niedrigwertig ist der Anreiz für Ihr Pferd gemeint, weniger die Kalorienmenge, auch wenn das oft zusammenhängt.

Ein weiterer Vorteil niedrigwertiger Belohnung ist, dass man noch Luft nach oben hat. Wenn Sie generell eher niedrigwertige Belohnungen verwenden, bietet Ihnen das die Möglichkeit, die Leistung Ihres Pferdes in entsprechenden Abstufungen gemäß seiner Vorlieben zu belohnen. Schwere oder besonders aufwendige Lektionen benötigen als Anreiz höherwertigere Belohnungen, damit die Kosten-Nutzen-Rechnung des Pferdes aufgeht und die Motivation erhalten bleibt. Eine unerwartet gute Leistung kann mit einem sogenannten „Jackpot" (eine größere Menge an Futter oder etwas besonders Schmackhaftes) belohnt werden.

Auch der gesundheitliche Faktor spielt eine Rolle bei der Wahl der richtigen Belohnung. Da die Menge über das gewohnte sporadische Belohnen hinausgeht, sollten Sie auch auf die Futterzusammensetzung achten.

Wie hochwertig eine Belohnung für Ihr Pferd ist, müssen Sie ausprobieren. Bestens geeignet für den Anfang sind Heucobs, die speziell für die Trockenfütterung (zum Beispiel für Automatenfütterung) gedacht sind. Verwenden Sie bitte keine einweichbaren Heucobs, da diese aufquellen und es zur Schlundverstopfung kommen kann. Es gibt auch spezielles „Clickerfutter" oder kalorienarme Leckerlis, ebenso ist normales Kraftfutter möglich. Probieren Sie aus, was am besten funktioniert.

Sollten Sie im Lauf des Trainings feststellen, dass Ihr Pferd für die gewählte Belohnung nicht arbeitet oder sehr verhalten ist, sollten Sie nach einer Alternative suchen. Geschmäcke und Bedürfnisse sind eben verschieden, und der Geschmack kann sich auch im Lauf der Zeit verändern oder sogar abhängig sein vom Zeitpunkt des Trainings.

Ein weiterer Faktor bei der Suche nach dem richtigen Belohnungsfutter ist die Größe und Beschaffenheit der Belohnung. Sehr kleine Belohnungen können bei Pferden mit großem Maul problematisch sein, wenn es ihnen durch die Größe schwerfällt, das Futter höf-lich von der Hand zu nehmen. Auch wenn ein Pferd hektisch frisst, ist sehr kleinteiliges Futter schwierig, weil die Pferde kaum kauen und die Belohnung manchmal gar nicht richtig wahrnehmen. Bei diesen Pferden eignet sich zunächst eine etwas größere, gröbere Belohnung, bis sie gelernt haben, wie man das gereichte Futter höflich aus der Hand frisst.

Bei den meisten Aufgaben ist es von Vorteil, wenn die Pferde nicht zu lange an der Belohnung zu kauen haben, insbesondere dann, wenn Sie schnell hintereinander das gleiche Verhalten bestärken oder in der

Versuchen Sie, das geeignete Belohnungsfutter für Ihr Pferd herauszufinden.
(Foto: Friederike Scheytt)

Bewegung füttern möchten. Bei Übungen hingegen, bei denen das Pferd einen gewissen Stresspegel hat oder wenn wir beruhigend auf das Pferd einwirken möchten, eignen sich Belohnungen mit fester Struktur, an denen das Pferd lange kauen muss. Möchten wir an einer länger dauernden Lektion arbeiten, lässt sich auch gut Körnerfutter oder Kraftfutter verwenden, das das Pferd „stückweise" aus der Hand frisst.

Bei allen Überlegungen hat jedoch immer das Pferd ein Wörtchen mitzureden. Denn wie zuvor gesagt, definiert das Pferd den Wert einer Belohnung. Schmeckt es ihm nicht, wird seine Motivation sinken.

DER RICHTIGE ZEITPUNKT

Auch Pferde haben einmal einen schlechten Tag, und man kann nicht erwarten, dass sie jeden Tag gleich motiviert sind. Manchmal spielt jedoch auch der Trainingszeitpunkt eine Rolle. Wenn Sie ein eher futterorientiertes oder sogar „gieriges" Pferd haben, sollten Sie nicht unmittelbar vor der Fütterungszeit trainieren. Auch wenn Ihr Pferd nur rationierten Zugang zu Futter hat, ist dies ein ungünstiger Zeitpunkt. Ein hungriges Pferd wird deutlich mehr Energie aufwenden, um an Futter/Belohnung zu kommen. Der richtige Zeitpunkt ist besonders wichtig, wenn Sie gerade erst mit dem positiven Training beginnen und Ihr Pferd lernen soll, höflich zu warten. Im späteren Verlauf kann man die „Futterenergie" auch durchaus einmal nutzen, etwa für schwierige Übungen. Selbstverständlich sollten Trainingsschritte nicht bewusst übersprungen und durch einen

höheren Anreiz kompensiert werden. Bei weniger futterorientierten oder unmotivierten Pferden kann es dagegen helfen, vor der Fütterungszeit zu trainieren, wenn der Hunger und damit das Bedürfnis am größten sind. Eventuell kann man in diesem Fall auch in Erwägung ziehen, statt zusätzlichem Futter die normale Kraftfutterration während des Trainings zu verfüttern. Vorsichtshalber sollten Sie jedoch ebenfalls überprüfen, ob Sie die Anforderungen zu hoch angesetzt haben und Ihr Pferd möglicherweise deshalb nicht mitarbeitet.

DIE AUSRÜSTUNG

An die Ausrüstung stellen wir im positiven Pferdetraining keine besonderen Ansprüche. Sie sollte vor allen Dingen zweckmäßig sein, und Sie und Ihr Pferd müssen sich damit wohlfühlen. Sie sollten Ihr Pferd mit einem gut sitzenden Stallhalfter ausrüsten, damit Sie während des Trainings auch einmal ins Halfter greifen können. Für die Führübungen brauchen Sie einen Strick. Ich bevorzuge hierfür Bodenarbeitsseile von etwa 3,5 Meter Länge und 10 Millimeter Durchmesser, ein normaler Strick tut es allerdings auch. Später kann eine Gerte als verlängerter Arm – nicht als „Meinungsverstärker" – sinnvoll sein.

Clicker bekommen Sie in jedem Fachgeschäft für Heimtierbedarf, oft sogar in unterschiedlichen Varianten. Welchen Clicker Sie verwenden, ist Geschmackssache. Ich persönlich empfehle die klassischen Kastenclicker mit Metalllasche. Diese sind relativ laut, was gerade draußen ein großer Vorteil ist. Ich habe schon erlebt, dass Pferde den

Die passende Ausrüstung ist wichtig für ein gutes Gelingen. (Foto: Friederike Scheytt)

das Futter gelangen. Dieses kleine Utensil erlaubt Ihnen, die Zeit zwischen Markersignal und Futtergabe möglichst kurz zu halten, wodurch Sie unerwünschtes Verhalten von vornherein minimieren. Denn wenn Sie nach dem Markersignal noch umständlich das Futter aus engen Hosen- oder Jackentasche kramen müssten, würden Sie aufdringliches Verhalten wie „Pferdenase an Tasche" fördern.

Der Futterbeutel sollte groß genug sein, um Ihnen guten Zugriff zu gewähren. Sie sollten nicht nur zügig und ohne hinzuschauen hineingreifen können, sondern Ihre Hand auch problemlos wieder herausbekommen. Dazu ist eine ordentliche Aufhängung wichtig, um ihn am Hosenbund oder Gürtel zu befestigen. Eine Befestigung mit Karabiner lässt den Beutel hin und her schwingen und man bleibt beim Herausnehmen des Futters gern darin hängen. Im Training kann es außerdem notwendig sein, den Beutel schnell von einer Seite auf die andere zu platzieren, auch dies ist mit einer verstellbaren Aufhängung praktischer.

Von Vorteil ist außerdem, wenn bei schnellen Bewegungen kein Futter herausfällt, ohne dass Sie die Tasche dazu umständlich verschließen müssen.

Eine Auswahl an Taschen bekommen Sie ebenfalls im Heimtierbedarf beim Hundezubehör. Größere Auswahl gibt es im Internethandel.

DIE EIGENEN FÄHIGKEITEN SCHULEN

Der entscheidende Faktor im positiven Training sind Sie. Von Ihnen hängt es ab, wie gut

Clicker gar nicht richtig wahrgenommen haben, weil dieser zu leise war. Zwar sind die Clicker mit „Auslöseknopf" etwas langlebiger und intuitiver zu bedienen, allerdings lösen sie auch schneller aus, was möglicherweise zu „Fehlclicks" führt. Dafür sind Sie im Winter auch mit Handschuhen zu bedienen. Sie sind etwas leiser und können deshalb bei ängstlichen oder schreckhaften Pferden vorteilhaft sein.

Ihr wichtigstes Utensil ist der Futterbeutel, damit Sie in jeder Situation problemlos an

Ihr Pferd seine Aufgabe bewältigt. Deshalb sollten Sie Ihre Fähigkeiten fortwährend schulen.

Machen Sie sich mit Ihrem Markersignal vertraut. Wenn Sie den Clicker als Markersignal gewählt haben, nehmen Sie ihn in die Hand und clicken Sie einige Male. Suchen Sie die richtige Position für den Clicker in Ihrer Hand und probieren Sie verschiedene Intervalle aus: schnell hintereinander, rhythmisch, alle 3 Sekunden ... Üben Sie mit der rechten und linken Hand, bis Sie mit beiden gleich gut sind.

Auch das verbale Markersignal oder den Zungenclick üben Sie vorher, denn es ist wichtig, dass er in jeder Situation möglichst identisch klingt. Dazu bieten sich täglich viele Gelegenheiten an. Probieren Sie ruhig auch die anderen Markersignale aus und überprüfen Sie kritisch, was Ihnen am meisten liegt.

Üben sollten Sie auch die Futterroutine, also den Ablauf der Futtergabe in Verbindung mit dem Markersignal. Legen Sie Ihre mit Futter gefüllte Tasche an und stellen Sie eine Schüssel auf den Tisch. Üben Sie nun, zuerst das Markersignal zu geben und dann ohne hin-

Trainieren Sie auch Ihre eigenen Fähigkeiten. Freunde können Ihnen Rückmeldung über Ihren Ausbildungsstand geben. (Foto: Friederike Scheytt)

zusehen das Futter aus der Tasche in der Schüssel zu platzieren. Die Position der Tasche, der Schüssel, das Futter, die Seite – all diese Variablen können Sie verändern für eine bessere Routine am Pferd. Markern und füttern Sie. Stehen Sie dabei still und führen Ihre Hand erst zum Futter, nachdem Sie gemarkert haben. Bewegt sich Ihre Hand vor dem Markersignal zum Futter, verknüpft Ihr Pferd Ihre Handbewegung als Verstärker, da sie das Futter ankündigt.

Üben Sie auch, wie Sie das Futter in Ihrer Hand platzieren, um es dem Pferd zu reichen. Man kann mit der Hand eine Art „Schale" formen und das Leckerli dort hineinlegen, damit das Pferd es höflich von der Hand nehmen kann. Probieren Sie auch, mehrere Belohnungen in die Hand zu nehmen und diese nach und nach einzeln herauszugeben.

Zuletzt sollten Sie Ihr Timing schulen, denn es ist wichtig, das Markersignal präzise und schnell zu geben, damit Ihr Pferd versteht, was Sie von ihm wünschen. Dazu können Sie sich zum Beispiel vor den Fernseher setzen und eine Bewegung eines Schauspielers heraussuchen, die Sie markern. Markern Sie immer dann, wenn ein männlicher Schauspieler seinen rechten Arm hebt. Oder Sie markern jede Ballberührung in einem Fußball- oder Tennismatch. Sie können auch einen Freund bitten, ein bestimmtes Verhalten immer wieder zufällig zu zeigen.

Verhalten erarbeiten

Nachdem Sie nun wissen, wie Sie selbst „fit für die Praxis" werden, möchte ich Ihnen erklären, wie man Verhalten generell aufbauen und formen kann.

Als Verhalten bezeichnet man nicht nur Lektionen oder Übungen, sondern jedes Verhalten des Pferdes. Die Lerntheorie macht hier zunächst keine Unterschiede, ob es sich um trainiertes Verhalten handelt wie ein Seitwärtstreten oder Kopfsenken oder um spontanes, untrainiertes Verhalten wie Dösen in der Sonne oder das Schnappen nach dem Pferdenachbarn. Manche Verhaltensweisen lassen sich leichter trainieren, da das Pferd sie ohnehin häufig zeigt oder sie ihm leichtfallen. Doch wie ist es mit den etwas schwierigeren oder nicht so häufig gezeigten? Um es vorwegzunehmen: Wir müssen nicht ewig warten, bis uns ein Tier etwas zufällig anbietet. Neben dem „Einfangen" von Verhalten gibt es noch eine ganze Reihe von anderen Möglichkeiten, Verhalten zu trainieren.

SHAPING – VERHALTEN FORMEN

Fast immer, wenn wir Verhalten erarbeiten, wenden wir das Prinzip des Formens an, denn als Shaping bezeichnet man nichts anderes als das schrittweise Annähern an ein gewünschtes Verhalten. Im Gegensatz zu konventionellen Trainingsmethoden, bei denen häufig bereits zu Beginn das annähernd fertige Verhalten gezeigt werden soll, legt man im positiven Pferdetraining Wert darauf, dem Pferd ausreichend Zeit zu geben, das gewünschte Verhalten Schritt für Schritt zu verstehen.

Hierzu ist es wichtig, sich vorher ein genaues Bild von dem gewünschten Verhalten zu machen und idealerweise auch schon einen Plan, wie die einzelnen Lernschritte in etwa aussehen sollen. Wie ist die Ausgangssituation

Durch das Zerlegen in kleine Einzelschritte ist es möglich, auch komplexe Verhaltensweisen ohne Druck zu erarbeiten. (Foto: Nadine Golomb)

und wie soll das Zielverhalten aussehen? Welche Einzelschritte sind notwendig, damit das Pferd das Zielverhalten ausführen kann? Welche Voraussetzungen braucht das Pferd dazu? Welche Lektionen müssen vorher trainiert werden? Was mache ich, wenn das Pferd etwas anderes tut? All diese Fragen müssen Sie bereits beantwortet haben, bevor Sie mit Ihrer Tasche bewaffnet neben Ihrem Pferd stehen. Nur so haben Sie für jedes Verhalten Ihres Pferdes die passende Reaktion parat.

Wenn Sie ein Verhalten formen möchten, müssen Sie das Pferd zunächst dazu bringen, den ersten Schritt auf Ihrem erdachten Ausbildungsplan zu zeigen. Dabei muss das Ansatzverhalten keineswegs schon als Zielverhalten zu erkennen sein. Gerade bei komplexen Verhaltensweisen, die aus mehreren Teilschritten bestehen, ist dies selten der Fall. Diesen ersten Ansatz belohnen Sie dann einige Male. Sobald das Pferd das gewünschte Verhalten einige Male gezeigt hat und das Verhalten möglichst selbstständig anbietet, zögern Sie die Belohnung etwas heraus und belohnen erst wieder, wenn das Pferd sich einen weiteren Schritt an das Zielverhalten angenähert hat. So arbeitet man sich nach und nach zum fertigen Verhalten vor.

Shaping ist genau genommen keine alleinstehende Trainingsmethode, sondern vielmehr ein Schema, anhand dessen man in Kombination mit den folgenden Methoden Verhalten erarbeiten kann. Es lohnt sich, diese Möglichkeiten genau zu studieren, da Sie dann auf ein großes Repertoire zurückgreifen können, falls Ihr Pferd sich einmal schwertut.

Ein gut strukturierter und kleinschrittiger Aufbau sorgt dafür, dass das Pferd immer schnell eine Lösung findet. Dabei dürfen Sie und Ihr Pferd auch Fehler machen, das gehört zum Lernen dazu. Sie sollten sich allerdings nicht an ihnen aufhalten, sondern sich auf das erwünschte Verhalten konzentrieren. Es ist ein wenig wie „umgekehrtes Topfschlagen": Statt den Topf möglichst trickreich zu verstecken, platzieren Sie ihn so, dass der Suchende ihn auf jeden Fall findet und im Idealfall dabei auch die von Ihnen ausgesuchte Strecke wählt. Je besser Ihre Hinweise sind, desto einfacher wird es, das Ziel zu finden. Dabei ist es nicht wichtig, wie weit das Ziel entfernt ist und wie viele (Lern-)Schritte Sie bis dahin brauchen. Für Ihr Pferd zählt zunächst nur das Lernen im „Hier und Jetzt". Das eigentliche Ziel kennen schließlich nur Sie selbst. Frustration, weil das Zielverhalten nicht erreicht wird, entsteht nur in Ihrem Kopf! Für das Pferd ist Lernen, auch das Lernen von Zwischenschritten, im besten Fall immer ein positives Erlebnis.

Luring – Locken mit Futter

Luring ist der englische Begriff für „Locken" und bedeutet, das Pferd mittels Futter in eine bestimmte Position oder Haltung zu dirigieren. In der Regel geschieht dies mit dem Futter in der Hand. Das Pferd bemüht sich durch die dargebotene Belohnung, die gewünschte Position zu zeigen, und erhält daraufhin die Belohnung. Hierbei sollten Sie darauf achten, dass Ihr Pferd seine Manieren bewahrt. Bei einem Pferd, das sich noch unter Kontrolle hat und nach dem Futter schnappt, sollte diese Methode mit Vorsicht angewandt werden. Luring hat den Nachteil, dass das Pferd sich zunächst vor allem am Futter orientiert, weniger an der Übung selbst.

Hat das Pferd jedoch die Grundbegriffe der Höflichkeit im Umgang mit Ihnen und mit Futter gelernt, lassen sich mittels Luring in kurzer Zeit sehr gute Ergebnisse erzielen. So lässt sich das freie Führen oder Rückwärtsrichten mit dieser Methode trainieren, indem man das Pferd zunächst durch Locken zu einer Reaktion bewegt. Bei der Erarbeitung von Zirkuslektionen wird ebenfalls gern auf diese Methode zurückgegriffen.

Wichtig bei dieser Form des Lernens ist, dass Sie die Anforderungen trotz Aussicht auf schnellen Erfolg klein gestalten. Stellen Sie anfangs zu große Ansprüche, reagieren die Pferde gestresst. Dann kommt es doch zu ungestümer Futteraufnahme oder Rüpelhaftigkeit, selbst wenn das Pferd ansonsten eher zurückhaltend ist. Möglicherweise stellt das Pferd auch seine Bemühungen ein, wenn es ein paarmal nicht zum Erfolg gekommen ist, weil es gelernt hat, dass es sich nicht lohnt, da Sie ihm trotz seiner Bemühungen die versprochene Belohnung im übertragenen Sinn „vor der Nase weggefuttert" haben. Ein so frustriertes Pferd ist bei der gleichen Übung

Zirkuslektionen sind ein klassisches Beispiel, Verhalten mittels Locken hervorzurufen.
(Foto: Friederike Scheytt)

dann nur schwer wieder zu motivieren und Sie müssen ganz von vorn anfangen.

Beobachten Sie genau, ob Ihr Pferd die gestellten Anforderungen erfüllen kann. Falls Ihr Pferd nicht folgt, bauen Sie einen weiteren Zwischenschritt ein, damit Ihr Pferd stets „Ja" sagen kann. Sobald Ihr Pferd ohne zu zögern der Hand mit dem Futter folgt oder die gewünschte Position einnimmt, reduzieren Sie den Anreiz über das Futter und belohnen stattdessen Ihr Pferd für das richtige Verhalten. Das Locken mit Futter sollten Sie auf diese Weise baldmöglichst „ausschleichen".

Dieser Schritt ist wichtig, damit Sie das Futter durch ein anderes Signal ersetzen können. Andernfalls wird das Füttern zu einem Teil der Signalgebung und Sie müssten das Pferd auch zukünftig „bestechen". Da wir aber gezielt Verhalten erarbeiten und abrufbar machen möchten, sollte dies nur vorübergehend der Fall sein.

Targeting – Lernen mit Zielen
Wenn die positive Verstärkung neu für Sie ist, hören Sie an dieser Stelle möglicherweise das erste Mal von dieser Trainingsmethode. Beim

Targeting lernt das Pferd ein Verhalten, indem es mit einem Körperteil ein Zielobjekt, das Target (englisch „Ziel"), berührt. Bevor das funktioniert, muss das Pferd natürlich erst lernen, das Target zu berühren. Mehr dazu finden Sie in den Kapiteln „Der Trick mit dem Stick" (Seite 78 ff.), Mattentraining (Seite 92 ff.) und „Handtarget - das unsichtbare Band" (Seite 97 ff.)

Das Berühren eines Targets mit dem Nasenrücken ist nicht nur schnell gelernt, sondern auch sehr motivierend für das Pferd. Im Prinzip ist es, als hätte das Pferd einen Schalter für Futter gefunden.

Tarek hat gelernt, mit seiner Hüfte einem Target zu folgen, und zeigt ein Travers.
(Foto: Friederike Scheytt)

Sehr beliebt ist das Arbeiten mit einem sogenannten Targetstick, dessen Spitze das Pferd mit dem Nasenrücken berühren soll. Alternativ könnte man auch die eigene Hand als Target installieren.

Das Vorgehen ist ähnlich wie beim Locken, mit dem Unterschied, dass sich das Pferd hier mehr an der Aufgabe orientiert als am Futter und Sie das Futter somit auch nicht „ausschleichen" müssen. Dafür ist der Anreiz oft nicht ganz so hoch wie beim Locken mit Futter.

Hat das Pferd das Prinzip des Targets verstanden, sind die Einsatzmöglichkeiten vielfältig. Sie können zum Beispiel das Seitwärtstreten erarbeiten, indem Sie dem Pferd beibringen, das Target mit der Hüfte zu berühren.

Neben den „mobilen Targets" gibt es auch stationäre, die dazu dienen, das Pferd über einen längeren Zeitraum an einem Ort zu halten oder es dorthin gehen zu lassen. Für das Pferd kann eine Matte am Boden einen Anker darstellen, mit dem sich wunderbar das Stehenbleiben oder sogar das Hängerfahren trainieren lässt. Eine Pylone kann sehr gut als Ziel für Laufaufgaben verwendet werden.

Free Shaping – Freies Formen
Eine Besonderheit des Shaping ist das freie Formen. Bei dieser Art des Trainings erarbeitet sich das Pferd die Lektion vollkommen selbstständig, wird also in keiner Weise angeleitet oder „manipuliert". Dies ist eine sehr edle Form des Trainings, verlangt jedoch Pferd und Mensch einiges ab. Insbesondere wenn es um Verhalten ohne Interaktion mit Gegenständen oder Umgebung geht, braucht

Das Kopfsenken lässt sich gut durch freies Formen erarbeiten.
(Foto: Friederike Scheytt)

es nicht nur einen erfahrenen Trainer, sondern am besten auch ein erfahrenes Pferd, das gelernt hat, mitzuarbeiten und mitzudenken. Unerfahrene Pferde reagieren hier schnell überfordert oder sind frustriert.

Free Shaping ist eine gute Möglichkeit, seine Trainerqualitäten und die Kreativität des Pferdes zu trainieren. Zum Einstieg eignen sich Übungen, die mit Gegenständen zu tun haben, wie das Steigen auf ein Podest oder eine Bodenmatte oder auch das Berühren und Interagieren mit einer Pylone.

Modelling/Molding –
Verhalten modellieren

Beim Modelling bewegt man das Pferd beziehungsweise einzelne Körperteile so, dass das Pferd das gewünschte Verhalten ausführt. Dabei kann man sowohl das Zielverhalten direkt „herstellen" oder sich auch hier schrittweise daran annähern.

Wenn Sie möchten, dass Ihr Pferd seinen Huf auf ein Podest stellt, können Sie das Bein in die Hand nehmen und den Huf auf das Podest stellen. Durch Wiederholung und entsprechende

Belohnung lernt das Pferd, welches Verhalten Sie wünschen, und bietet dieses Verhalten schließlich selbstständig an. Oder Ihr Pferd soll lernen, seine Beine zu kreuzen, und Sie nehmen das Bein in die Hand und stellen es über Kreuz wieder ab. In beiden Fällen haben Sie gleich das Zielverhalten „fertiggestellt" und dann eingefangen. Bei komplexeren Übungen wird das Pferd jedoch auch mit unserer Unterstützung nur einen Verhaltensansatz zeigen, den Sie dann mittels Shaping ausbauen können, weil Ihr Pferd bereits eine Idee davon hat.

Bei der Arbeit mit positiver Verstärkung ist das Modelling nicht unumstritten, da es dem Pferd ein Verhalten nahebringt, das zunächst wenig mit dessen Eigeninitiative zu tun hat. Das Modelling ist eine physische Einwirkung auf das Pferd, mit der man ihm ein Verhalten auferlegt, zu dem es vielleicht noch nicht in der Lage ist oder das es schlichtweg nicht ausführen möchte. Auf diese Weise kann sich das Pferd leicht unter Druck gesetzt fühlen und mit Stress reagieren.

Seinen „schlechten Ruf" verdankt das Modelling der Tatsache, dass hier auch über Druckstufen oder generell über Druckaufbau gearbeitet werden kann. Würden Sie Ihr Pferd ausbinden, damit es seinen Kopf in der richtigen Position trägt, wird das Pferd den Kopf in der gewünschten Position tragen, weil nur so der Druck im Maul nachlässt. Ob dabei auch der richtige biomechanische Prozess angestoßen wird und das Pferd dieses Verhalten später auch ohne Androhung von Druck zeigt, steht auf einem ganz anderen Blatt geschrieben.
Es liegt also wie immer am Trainer, der aufgefordert ist, die jeweilige Methode verantwortungsvoll einzusetzen.

Wegweisende Hilfen

Leider gibt es innerhalb des Modellings keine Unterscheidung danach, wie die physische Einwirkung vom Pferd wahrgenommen wird, dabei ist diese Technik auch für uns ein wichtiges Trainingswerkzeug. Es sollte klar sein, dass die Ausübung von Zwang – ob nun mit oder ohne Hilfsmittel – keinen Platz im positiven Pferdetraining hat. Trotzdem darf nicht vergessen werden, dass ein nicht geringer Teil unseres Umgangs mit dem Pferd auf physischen Hilfen beruht, denen das Pferd in der Regel weichen soll.

Ein verantwortungsvoller Umgang mit „Druck" ist mir in der Kommunikation mit dem Pferd sehr wichtig, weshalb ich hier noch ein weiteres Trainingsprinzip einführen möchte: die wegweisenden Hilfen. Hierbei bringen wir dem Pferd bei, dass physischer Druck nicht mit Zwang, sondern mit Information gleichzusetzen ist.

Um Ihrem Pferd zu erklären, dass Druck Information darstellt, müssen Sie diesen auch ausüben. Sie können zum Beispiel Ihre Hand an die Hinterhand des Pferdes legen und leichten Druck anwenden, damit es herumtritt. Hierbei ist es jedoch wichtig, die Reaktion des Pferdes zu beobachten, denn niemals sollte es Vorbehalte gegenüber einem Signal entwickeln. Gerade wenn Sie Ihr Pferd bisher konventionell über „Druck und Nachgeben" trainiert haben oder das Pferd mit physischem Druck oder dem Einsatz der Gerte bereits unangenehme Erfahrungen verbindet, sollten Sie den Druck so moderat wie möglich einbringen. Gerade eben so, dass er Ihr Pferd zu einer geringfügigen Reaktion veranlasst, die Sie belohnen

Durch Verknüpfung mit einer Belohnung lernt das Pferd, physischen Druck als Information zu verstehen. (Foto: Friederike Scheytt)

nen Denkanstoß, statt frustriert im Dunkeln zu tappen.

Ganz wichtig ist, dass eine mangelnde Ausführung oder „Nichtreaktion" auf keinen Fall zu einer Steigerung von Druck führt. Das kann Ihr Pferd schnell verunsichern und überfordern. Möglicherweise bricht das Verhalten sogar zusammen und ist nicht mehr abrufbar. Es ist daher wichtig, dass Sie diese Grundregel verinnerlichen und stets reflektieren, um nicht ungewollt wieder in alte Verhaltensmuster abzurutschen und den Druck zu erhöhen oder so lange aufrechtzuerhalten, bis das Pferd schließlich nachgibt.

Wegweisende Hilfen sind besonders da sinnvoll, wo wir Hilfsmittel in der Arbeit einsetzen, die das Pferd begrenzen oder einrahmen, zum Beispiel beim Führen (Führstrick), Longieren (Longe und Kappzaum) oder Reiten (Zügel, Zäumung, Schenkel ...).

Belohnungsrate und Belohnungsmodelle

Wir nähern uns beim Formen von Verhalten also schrittweise dem Zielverhalten an. Während wir anfangs buchstäblich jeden Schritt in die richtige Richtung belohnen, bekommt das Pferd später nur noch für das korrekt ausgeführte fertige Verhalten eine Belohnung. Die Menge der erteilten Belohnungen und der Anspruch an das Pferd sind also wichtige Faktoren bei der Ausbildung und sehr individuell.

Die Arbeit mit positiver Verstärkung funktioniert dann besonders gut, wenn das Pferd gelernt hat, für die Belohnung arbeiten zu müssen. Zwar sollten Sie zunächst jede Annäherung an das Zielverhalten belohnen, Sie sollten aber dennoch darauf

können. Eine liebe Trainerkollegin beschrieb die Intensität als „milde störend", was ich als sehr treffend empfinde.

Ein Pferd mit Erfahrung im positiven Training wird keine Vorbehalte gegenüber leichtem Druck haben, da es bereits gelernt hat, dass bei richtiger Reaktion eine Belohnung folgt und es außerdem erlaubt ist, beim Lernen auch Fehler zu machen. Es wird also aktiv nach einer Lösung suchen. Weniger aktive Pferde sind oft dankbar für einen klei-

Nur wenn sich ein Verhalten lohnt, wird das Pferd auch weiterhin bereit sein, dieses zu zeigen. (Foto: Friederike Scheytt)

achten, dass Sie die Belohnung nicht „verschenken". Wenn Ihr Pferd bereits gelernt hat, einen Fuß auf das Podest zu stellen und dieses Verhalten in mindestens 4 von 5 Versuchen zuverlässig und stressfrei gezeigt hat, dann bekommt es auch erst dann die Belohnung, wenn diese Vorgabe erfüllt ist. Pferde sind sehr schlaue Tiere und nicht immer ist Unverständnis der Grund, wenn das Pferd etwas nicht korrekt ausführt. Manchmal fragt es auch nur, ob es die Belohnung nicht vielleicht auch „billiger", also mit weniger Aufwand, bekommen

kann. Eine gute Kenntnis des Pferdes und Vertrauen in die eigenen Fähigkeiten sind also Voraussetzung, um beurteilen zu können, wie hoch die Anforderungen an das Pferd sein dürfen, bevor es eine Belohnung erhält.

Dies gilt insbesondere dann, wenn das Verhalten nahezu „fertig" trainiert ist. Zeigt das Pferd das Verhalten nur unzureichend (entsprechend seines Trainingsstandes), bekommt es auch keine Belohnung. Andernfalls würde es lernen, dass auch eine mangelhafte Ausführung zum Erfolg führt.

Achten Sie bei der Erarbeitung von Verhalten darauf, dass Ihr Pferd häufig genug die Möglichkeit bekommt, das Verhalten oder den Teilschritt zu zeigen, bevor Sie die Anforderungen steigern und später belohnen. Denn nur weil Ihr Pferd das gewünschte Verhalten bereits gezeigt hat, bedeutet dies nicht, dass es das auch verstanden hat. Denken Sie zurück an die „Puzzle-Box" von Thorndike. Auch hier brauchte die Katze einige Versuche, bis sie das zielführende Verhalten zuverlässig zeigte. Wenn also etwas nicht funktioniert, beginnen Sie lieber noch einmal von vorn oder bauen weitere Zwischenschritte ein, damit Ihr Pferd weiterhin motiviert bleibt.

Vergessen Sie bitte nicht, dass sich Verhalten lohnen muss, damit Ihr Pferd motiviert bleibt. Weniger aufwendiges Verhalten können Sie möglicherweise variabel belohnen.

Sie füttern also nur noch ab und an oder für eine besonders gute Ausführung und belohnen ansonsten durch „alternatives Lob" wie beispielsweise Kraulen oder Stimmlob („Ausschleichen der Belohnung"). Wenn Sie alternativ belohnen, tun Sie dies ohne Verwendung des Markersignals. Wichtig ist, dass Sie dennoch regelmäßig mit einem primären Verstärker belohnen, damit Ihr Pferd das Verhalten auch weiterhin in gleichbleibender Qualität zeigt. Sollte das Verhalten durch das Ausschleichen der Belohnung schlechter werden, sollten Sie überprüfen, ob Ihr Pferd die Belohnung als angemessen empfindet, und gegebenenfalls wieder zurück zum Futterlob gehen. Bedenken Sie, dass stets Ihr Pferd entscheidet, wie hoch der Aufwand in Relation zur Belohnung ist.

CAPTURING UND PROMPTING – EINFANGEN VON VERHALTEN

Capturing (englisch „Einfangen") und Prompting (englisch „Veranlassen") sind die einzigen Trainingsformen, bei denen man unmittelbar das gewünschte Zielverhalten „einfängt".

Sie stellen damit relativ simple Möglichkeiten dar, ein Verhalten zu trainieren, da Sie einfach ein spontan gezeigtes Verhalten belohnen. Capturing ist sehr effektiv, weil keinerlei Druck ausgeübt wird und das Pferd erfahrungsgemäß sehr freudig darauf reagiert, dass etwas „so Simples" belohnt wird. Die Voraussetzung ist, dass das Pferd das erwünschte Verhalten häufig genug zeigt, um es regelmäßig zu belohnen. Man kann über Capturing zum Beispiel das Gähnen und Flehmen auf Kommando oder das Apportieren trainieren, aber auch das Stehenbleiben und das Kopfsenken. Setzen Sie immer dann das Markersignal, wenn Ihr Pferd das erwünschte Verhalten zeigt, und belohnen Sie es. Je nachdem, wie oft Ihr Pferd dieses zeigt, kann es eine Weile dauern, bis es verstanden hat, dass es stets für das gleiche Verhalten eine Belohnung bekommt. Bei geübten Pferden kann jedoch bereits ein einmaliges Erfolgserlebnis dazu führen, dass das Verhalten erneut und nachhaltig gezeigt wird, insbesondere, wenn die Belohnung in Form eines „Jackpots" erfolgt.

Statt auf das gewünschte Verhalten zu warten, gibt es auch die Möglichkeit, es mittels „Prompting" zu provozieren. Wenn Sie wissen, dass Ihr Pferd immer dann flehmt, wenn Sie ihm ein Hustenbonbon unter die Nase halten, können Sie dies nutzen, um das Verhalten einzufangen.

„Lach doch mal!" – Mittels Capturing oder Prompting lässt sich Verhalten „als Ganzes" einfangen und mit einem Signal verknüpfen. (Foto: Nadine Golomb)

Hat das Pferd verstanden, welches Verhalten wir meinen, können wir dieses mit einem Signal verknüpfen, damit es abrufbar wird. Signalkontrolle ist hierbei besonders wichtig, damit das Pferd versteht, dass sich dieses Verhalten nur dann lohnt, wenn Sie auch danach fragen. Denn ein so trainiertes Verhalten bietet das Pferd ansonsten gern auch dann an, wenn es keine andere Idee hat.

Naturgemäß kann man nicht jedes Verhalten so erarbeiten, da nun einmal nicht jedes Pferd auch jedes Verhalten zeigt. Ein weiterer Nachteil ist, dass man ein Verhalten nur als Ganzes einfangen kann. Gefallen einem einige Details nicht, sind diese oftmals nur schwer zu ändern, weil das Pferd das Verhalten als Gesamtbild abgespeichert hat. Deshalb ist es beim Capturing sehr wichtig, den Lernkontext zu berücksichtigen, also in welcher emotionalen Verfassung das Pferd sich während dieses Verhaltens befindet. Wenn Ihr Pferd beim Stehenbleiben beispielsweise sehr gestresst ist oder aggressive Tendenzen zeigt, dann bestärken Sie dies durch Belohnung ebenfalls.

Grundsätzlich ist Capturing eine sehr feine, freie Möglichkeit, Ihrem Pferd zu vermitteln, dass Ihnen etwas gut gefällt und Sie dieses gern öfter sehen möchten.

Trainingseinstieg

Nun ist es an der Zeit, auch das Pferd an die Arbeit mit positiver Verstärkung heranzuführen. Mittels Konditionierung erhält das Markersignal die Bedeutung: „Genau das, was du getan hast, als ich gemarkt habe, war richtig. Dafür bekommst du eine Belohnung." Doch nicht nur das Verständnis des Markersignals ist wichtig, sondern auch, dass Ihr Pferd sich weiterhin „höflich" verhält. Denn Sie belohnen jegliches Verhalten, welches das Pferd nach dem Markersignal zeigt, bis es das Futter im Maul hat. Das Pferd muss also lernen zu warten, statt zu betteln oder das Futter unhöflich von der Hand zu nehmen. Ein weiterer Faktor für ein erfolgreiches Trainingserlebnis ist die Entspannung, die eng mit der Vermeidung von Stress zusammenhängt.

DER TRICK MIT DEM STICK – EINFÜHRUNG DES MARKERSIGNALS

Um das Pferd auf das Markersignal zu konditionieren, eignet sich die Arbeit mit einem Target besonders gut. Hierbei lernt das Pferd, das Target mit seinem Nasenrücken zu berühren. Als Target können Sie eine einfache Fliegenklatsche verwenden oder einen Holzstab, an dem Sie einen kleinen Ball befestigen. Wichtig ist, dass die Spitze für das Pferd klar erkennbar ist. Eine Gerte eignet sich nicht so gut, auch weil die meisten Pferde damit Negatives verbinden.

Ein Vorteil der Targetübung ist, dass sie für das Pferd neu, also unbelastet ist und dass Ihr Pferd die Übung nicht zeigen wird, solange das Target nicht präsent ist. Außerdem ist sie für den späteren Trainingsverlauf nützlich.

Stellen Sie sich mit ausreichend Abstand vor Ihr Pferd oder leicht seitlich und bringen Sie das Target in das Sichtfeld Ihres Pferdes, etwa auf Nasenhöhe. Falls Sie einen Clicker verwenden, können Sie diesen mit dem Target zusammen in der Hand halten. Sobald die Aufmerksamkeit des Pferdes in Richtung Target geht, ertönt das Markersignal und das Pferd bekommt eine Belohnung. Während Sie das Pferd belohnen, verschwindet das Target aus dem Sichtfeld des Pferdes, damit es wieder interessant ist, wenn es erneut auftaucht. Üben Sie diesen Schritt, bis Ihr Pferd das Target zuverlässig mit dem Nasenrücken berührt.

Sie können die Übung zu Beginn ruhig schnell hintereinander ausführen und müssen nicht warten, bis das Pferd zu Ende gekaut hat. Gerade eher ruhige oder unmotivierte Pferde benötigen am Anfang ein hohes Belohnungsintervall, also schnell aufeinanderfolgende Belohnungen bei sehr geringer Anforderung.

Achten Sie darauf, früh genug zu markern, da viele Pferde anfangs versuchen, in das Target hineinzubeißen. Dieses Verhalten möchten wir unbedingt vermeiden und belohnen es daher nicht. Falls Ihr Pferd es dennoch versucht, führen Sie das Target eher von oben an das Pferd heran, sodass es das Target mit seinem Nasenrücken trifft, wenn es den Kopf nach oben nimmt.

Das Futter reichen Sie stets von sich weg, etwa dort, wo das Target war, als das Pferd es berührt hat – auch dann, wenn Ihr Pferd seine Nase nach dem Markersignal in Ihre Richtung bewegt.

Sobald das Berühren des Targets sitzt, können Sie die Position des Targets variieren – zunächst nur so, dass das Pferd seinen Kopf etwas bewegen muss, später darf es auch den Hals dafür benutzen. Zeigt das Pferd dies

zuverlässig, können Sie sich mit dem Target einen Schritt vom Pferd wegbewegen, sodass es einen und später sogar mehrere Schritte auf das Target zu machen muss.

Klappt dies, können Sie das Target auch vor das Pferd auf den Boden legen und später sogar ein Stück wegwerfen, damit das Pferd lernt, die Aufgabe unabhängig von Ihnen zu bewältigen und sich vom Futter wegzubewegen.

Zuletzt können Sie probieren, ob Sie das Pferd einige Schritte mit dem Target führen können. Fangen Sie mit einem Schritt an, und

a) Die richtige Position des Targets.

b) Beim Füttern verschwindet das Target aus dem Blickfeld. (Fotos: Friederike Scheytt)

Bei aufdringlichen Pferden hilft es, zunächst mit einer Absperrung zu arbeiten.
(Foto: Friederike Scheytt)

erst wenn das zuverlässig klappt, gehen Sie zu mehreren Schritten über. Auf diese Weise können Sie später sogar Führübungen mit dem Targetstick erarbeiten. Wichtig dabei ist, dass Sie sich genügend Zeit nehmen und die Anforderungen nur allmählich steigern, damit es nicht zu Stress und damit zu unerwünschten Reaktionen seitens des Pferdes kommt. Dies gilt insbesondere auch für Ihre Laufgeschwindigkeit, die Sie bitte am Anfang möglichst niedrig halten, damit Ihr Pferd im Schritt bleibt.

Falls Ihr Pferd bei dieser Aufgabe zu aufdringlich oder gar aggressiv wird und Sie sich unwohl fühlen, versuchen Sie einen Ort zu finden, an dem zwischen Ihnen und Ihrem Pferd eine Absperrung ist, sodass Sie ausreichend Abstand zum Pferd haben. Auf diese Weise gehen Sie im wahrsten Wortsinn einfach einen Schritt zurück, und die aufdringlichen Bemühungen Ihres Pferdes laufen ins Leere. Sobald Ihr Pferd verstanden hat, dass ausschließlich höfliches Verhalten zum Erfolg führt, können Sie wieder zusammen mit ihm innerhalb der Absperrung trainieren.

Ein Ausweichraum hat außerdem den Vorteil, dass Sie, falls Ihr Pferd kurzfristig seine gerade erworbenen Manieren wieder vergisst, den Trainingsbereich für ein kurzes „Time-out" verlassen können. Aber denken Sie daran: Auch ein Time-out ist eine Strafe und wird dem Pferd nur dann weiterhelfen, wenn es sie versteht. Überlegen Sie also im Anschluss daran, wie Sie das Verhalten weiter festigen können, um eine erneute „Auszeit" zu vermeiden.

HÖFLICHKEIT IST EINE TUGEND

Erschrecken Sie nicht, wenn Ihr sonst gut erzogenes Pferd zu Beginn der neuen Ära ganz neue Seiten von sich zeigt und plötzlich nicht mehr still stehen möchte oder aufdringlich wird. Es muss erst lernen, dass man sich auch in Gegenwart von Futter benehmen und entspannen kann. Die meisten Pferde sind in Bezug auf Futter bereits „vorbelastet", was es nicht einfacher macht, ihnen zu erklären, dass betteln sich nicht lohnt. Dazu kommt, dass Höflichkeit (bei Pferden eher: Zurückhaltung) kein Verhalten ist, das man nur lange genug trainieren muss, sondern viel eher eine Einstellung des Pferdes, an der man langfristig arbeitet.

Wichtig ist, dass Sie Ihr Pferd für Zappeln oder Betteln nicht strafen, weder verbal noch körperlich. Ihr Pferd soll durch Ignorieren nur lernen, dass sich der Aufwand nicht lohnt. Solange Sie ihm mittels Strafe verbieten, diese Erfahrung zu machen, glaubt es immer noch, es verpasse „die Party seines Lebens". Es wird dann zwar vorübergehend weniger betteln, aber nicht, weil es gelernt hat, sich richtig zu verhalten, sondern nur, um der Strafe zu entgehen.

Von Bedeutung für die Höflichkeit ist vor allem Ihr eigener Umgang mit Equipment, Markersignal und Futter. Achten Sie darauf, dass Ihre Hand erst nach dem Markersignal zum Futter greift, da Ihr Pferd ansonsten die Handbewegung als Ankündigung verstehen lernt. Solange Sie selbst noch Fehler machen, wird Ihr Pferd diese auch reflektieren, denn Sie kriegen immer genau das, was Sie belohnen.

Selbst wenn Sie sich schon ein kleines „Leckerlimonster" herangezogen haben – es ist nur eine Frage der Zeit und Ihrer Geduld, bis Sie auch dieses Problem zu Ihrem Vorteil nutzen können. Denn wenn Ihr Pferd erst einmal die Regeln der Höflichkeit verstanden hat und Sie Ihr Trainingswerkzeug beherrschen, wird all die Energie, die Ihr Pferd bisher in sein rüpelhaftes Benehmen investiert hat, in Ihr Training fließen.

STRESS LASS NACH – KONZENTRATION UND STRESS

Die Arbeit mit positiver Verstärkung ist gerade zu Beginn für das Pferd sehr anstrengend. Besonders wenn Ihr Pferd es bisher nicht gewohnt war, eigenständig zu arbeiten, ist die Konzentrationsspanne sehr kurz und beträgt oftmals nur wenige Minuten. Dass es genug ist, merken Sie daran, dass Ihr Pferd auf einmal „schnappig" wird oder einfach weggeht oder plötzlich aufdringlicher wird als sonst. Es braucht seine Zeit, bis die Arbeitsintervalle verlängert werden können.

Die Konzentrationsfähigkeit ist auch eng mit dem physischen Zustand des Pferdes verknüpft. Ein Pferd mit einer guten Ausdauer

Gerade zu Beginn des Trainings ist Stressvermeidung ein wichtiger Punkt, um das Pferd für die Mitarbeit zu gewinnen. (Foto: Friederike Scheytt)

kann sich meist länger konzentrieren, denn es ist schon an regelmäßiges Training gewöhnt.

Auch Futter ist für viele Pferde zu Beginn ein nicht zu unterschätzender Stressfaktor, gerade wenn man bisher auf den Einsatz von Futterlob verzichtet hat. Und unter Stress ist selbst das Abrufen bereits gelernter Abläufe eine große Herausforderung für das Pferdehirn. Denken Sie deshalb an genügend lange und ausreichend viele Pausen zwischen den Sequenzen.

Achten Sie auf die Lernumgebung. Suchen Sie sich einen Ort und eine Zeit, in der Sie beide frei von störenden Außenreizen trainieren können. Im Idealfall sind Sie allein auf dem Platz und können mit Ihren Gedanken ganz bei Ihrem Pferd sein.

Körperlich anstrengende Lektionen erfordern eine gute Konstitution des Pferdes, vor allem, wenn man die Abläufe öfter wiederholt und länger daran arbeitet. Eine ordentliche Kondition sorgt dafür, dass alle Muskeln und auch das Gehirn mit ausreichend Sauerstoff versorgt werden. Wäre dies nicht der Fall, wären rasche Ermüdung und schlimmstenfalls sogar Schmerzen die Folge. Dies wiederum würde mentalen Stress hervorrufen. Wahrscheinlich haben Sie jetzt die eine oder andere dramatische Szene vor Augen und denken: „Selbstverständlich achte ich darauf", aber erste Anzeichen von Ermüdung zeigen sich schon viel früher (siehe oben) und werden leicht übersehen. Mangelnde Mitarbeit heißt nicht automatisch, dass das Pferd keine Lust hat. Vielmehr sind die neuen Bewegungsabläufe oft so anstrengend für Körper und Geist, dass das Pferd schon nach wenigen Wiederholungen schlicht nicht mehr in der Lage ist, seine Leistung zu verbessern.

Eine gute Konstitution hängt auch von der passenden Ernährung des Pferdes ab. Eine ausreichende Versorgung des Organismus mit allen notwendigen Nährstoffen, Vitaminen und Mineralstoffen ist Grundvoraussetzung für gutes Lernen. Bei anhaltenden Auffälligkeiten empfiehlt sich eine Überprüfung des Futterplans oder sogar ein Blutbild, damit eventuelle Defizite ausgeglichen werden können.

Auch das Alter des Pferdes spielt eine Rolle. Ein junges Pferd, dessen Körper sich noch in der Entwicklung befindet, ist nicht so leistungsfähig wie ein erwachsenes Pferd. Zudem ist es noch so mit seiner Umwelt beschäftigt, dass neue Anforderungen schnell zu viel werden. Tendenziell sagt man, dass Pferde mit zunehmendem Alter besser lernen, was sich sicherlich auf eine gewisse Gewöhnung zurückführen lässt. Ein „Zu alt" gibt es dabei nicht. Mangelnde Konzentrationsfähigkeit im Alter hängt eher damit zusammen, dass bei älteren Pferden die Vielseitigkeit und Häufigkeit der Beschäftigung sinkt. Daher sollte man hier die Anfor-

derungen zunächst niedrig halten. Das Gleiche gilt selbstverständlich auch nach langen Trainingspausen oder körperlichen Einschränkungen.

MACH MAL PAUSE – PAUSENTRAINING UND ENTSPANNUNG

Pausen sind ein wichtiges Trainingswerkzeug und müssen sorgfältig kultiviert werden. Ein über positive Verstärkung trainiertes Pferd möchte viel lieber weiterarbeiten, als sich in der Pause zu entspannen. Deshalb ist es wichtig, dass Sie ihm den Sinn von Pausen erklären. Hektische Pferde können in der Pause herunterfahren, unkonzentrierte Pferde sammeln sich für die Weiterarbeit. Spätestens wenn die zuvor gezeigte Leistung des Pferdes schlechter wird und die Konzentration nachlässt, sollten Sie eine Pause einlegen.

Anfangs können Sie die Trainingseinheit ruhig hälftig in „Arbeit" und Pause aufteilen und immer wieder kurze Übungssequenzen mit Pause abwechseln.

Leiten Sie die Pause mit einem deutlichen Signal („Pause") ein und gehen Sie zu Beginn möglichst immer an die gleiche Stelle, um Pause zu machen. Nun suchen Sie sich eine Stelle am Pferdekörper, an der Ihr Pferd gern gekrault wird. Probieren Sie das am besten schon vor dem Training aus. Dann nehmen Sie einen Fellstriegel oder eine kräftige Bürste (damit es nicht ganz so anstrengend ist) und kraulen Ihr Pferd so intensiv, dass es eine genüssliche Schnute zieht.

Falls sich Ihr Pferd so gar nicht auf Ihre Kraulmassage einlässt, können Sie notfalls auch etwas Heu an die Pausenstelle legen,

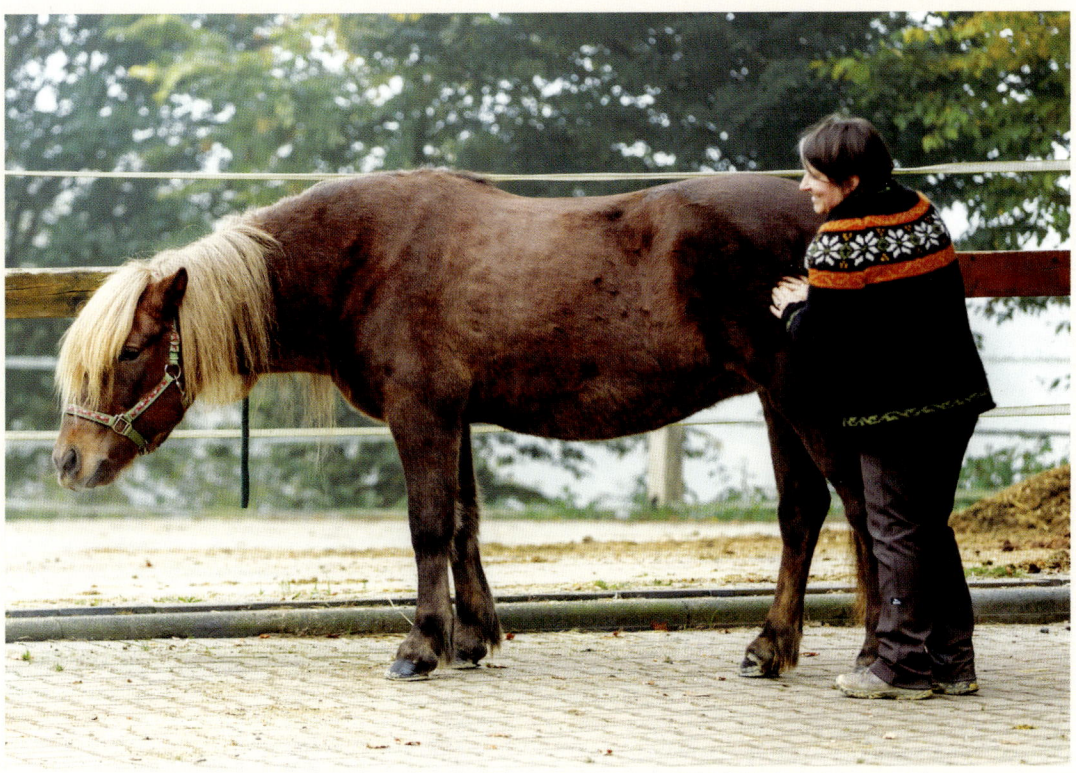

Suchen Sie außerhalb des Trainings nach der richtigen „Kraulstelle" Ihres Pferdes, damit Sie sie in der Pause gleich finden. (Foto: Friederike Scheytt)

sodass Ihr Pferd sich anderweitig beschäftigt. Auch das Laufen am langen Strick kann Ruhe ins Pferd bringen, sofern es sich ohne Probleme mit deutlichem Abstand führen lässt.

In der Pause wird ansonsten weder trainiert noch mit Futter belohnt (ausgenommen: am Boden liegendes Heu).

Erst wenn das Pferd sich nicht mehr für das Futter an Ihrem Körper interessiert, lösen Sie die Pause ebenfalls mit einem Signal („Action!") wieder auf und führen Ihr Training fort.

Übungen für einen erfolgreichen Einstieg

Nachdem Sie Ihr Pferd mit der Targetübung auf das Markersignal konditioniert haben, können Sie seine und Ihre erworbenen Kenntnisse mit einfachen Übungen festigen. Für das weitere Training ist es sehr wichtig, gleich zu Beginn die richtigen Übungen zu wählen, denn die zuerst trainierten Lektionen sind in der Regel für lange Zeit die Lieblingslektionen des Pferdes. Das liegt daran, dass diese sich für das Pferd „mehr als gewöhnlich" und deutlich häufiger als andere Verhaltensweisen gelohnt haben. Ich nenne solche Lektionen gern „Plan B", weil das Pferd sie für gewöhnlich immer dann anbietet, wenn es keine andere Idee hat, es sich eine Belohnung „erbetteln" möchte, Stress hat und nach einer positiven Lösung sucht oder auch, weil es Spaß daran hat.

Es sollte sich also um Übungen handeln, die weder Ihre Gesundheit noch Ihre Nerven zu sehr strapazieren. Es eignen sich Lektionen ohne viel Bewegung, die leicht verständlich und am besten noch nicht „vorbelastet" sind.

DER HALFTERGRIFF

Der Halftergriff hilft auf dem Weg zum Stillstehen und ist eine gute Möglichkeit, übermütigen oder aufdringlichen Pferden ein Alternativverhalten zu zeigen. Der Griff ins Halfter soll dabei das Signal für das Stillhalten des Kopfes und damit auch für das ruhige Stehen werden.

Wenn Sie wissen, dass Ihr Pferd dazu neigt, auf der Suche nach Futter auch mal in Dinge hineinzubeißen oder ohnehin Probleme mit der Kontrolle seines „Fressimpulses" hat, können Sie diese Übung vor der Nullposition üben. Falls Ihr Pferd ohnehin sehr höflich ist, können Sie gegebenenfalls direkt zur Nullposition übergehen.

Stellen Sie sich neben Ihr Pferd, den Blick nach vorn, sodass Sie mit leicht ausgestrecktem Arm seitlich in das nicht zu lose Halfter greifen können. Den Clicker können Sie gegebenenfalls in die Hand nehmen, die den

Riemen umfasst. Die Tasche tragen Sie auf der dem Pferd abgewandten Seite oder etwas mittiger, falls Sie später einen Positionswechsel vornehmen möchten.

Wenn Ihr Pferd nun ruhig steht, alle 4 Hufe am Boden sind und Sie das Halfter locker umfassen können: Prima, belohnen Sie Ihr Pferd dafür! Falls Ihr Pferd anfängt herumzuzappeln oder nach Ihrer Hand fischt, warten Sie, bis es damit aufhört. Wenn es Sie bedrängt, nutzen Sie Ihren ausgestreckten Arm als Abstandhalter, aber lassen Sie das

Die richtige Position beim Üben des Halftergriffs. (Foto: Friederike Scheytt)

Pferd ansonsten gewähren. Wenden Sie keine Energie gegen das Pferd auf, sondern bleiben Sie gelassen und standhaft, egal, was es veranstaltet. Es darf alles tun – es darf damit nur keinen Erfolg haben.

Sobald das Pferd einen Moment verharrt, belohnen Sie sofort! Geben Sie das Markersignal und greifen Sie mit der freien Hand zum Futter. Führen Sie das Futter auf der flachen Hand direkt zum Maul des Pferdes, das seinen Kopf noch immer in der gleichen Position haben sollte. Falls es sich in der Zwischenzeit bewegt hat, füttern Sie das Pferd dennoch an der markierten Position, indem Sie Ihre Hand deutlich dorthin zurückführen.

Die meisten Pferde verstehen sehr schnell, dass ausschließlich „Stillhalten" zur Belohnung führt. Machen Sie diese Übung aus unterschiedlichen Positionen auf der einen und später auch auf der anderen Seite. Drehen Sie sich mal etwas mehr zum Pferd, stehen Sie mal etwas weiter vorn, mehr seitlich oder auch frontal. Werden Sie kreativ, aber verändern Sie Ihre Position und Haltung immer nur in kleinen Schritten, sodass Ihr Pferd schnell in das Verhalten zurückfindet. Im Idealfall versteht es sofort, dass es sich um die gleiche Übung handelt, weil die Veränderung so geringfügig ist, dass sie kaum auffällt.

Steht diese Übung sicher unter dem Signal „Griff ins Halfter", können Sie jederzeit, wenn Sie sich bedrängt oder unsicher fühlen und sich nicht anders zu helfen wissen, darauf zurückgreifen und Ihrem Pferd so eine Alternative zum unerwünschten Verhalten anbieten (und bei Erfolg das Pferd belohnen).

MACH DOCH MAL „NICHTS" – DIE NULLPOSITION

Eine wichtige Übung ist das Stillstehen oder die Nullposition. Hierbei soll das Pferd ruhig mit allen vier Hufen auf dem Boden stehen, mit geradem Hals und „Nase vor". Ähnlich wie der Halftergriff bietet die Nullposition später einen „sicheren Hafen", falls Ihr Pferd zu übermütig wird oder unerwünschtes Verhalten zeigt. Auch bei der weiterführenden Arbeit an fortgeschrittenen Lektionen kann sie gute Dienste leisten. Wenn Sie an der Signalkontrolle eines Verhaltens arbeiten und Ihr Pferd die Übung vorwegnimmt, können Sie die Nullposition voranstellen. Zuvor muss diese Übung allerdings bombenfest sitzen.

Für viele Pferde ist diese Übung eine Herausforderung, denn üblicherweise hat das Pferd in der Natur immer einen triftigen Grund, warum es stehen bleibt (ruhen, beobachten, nachdenken ...), und versteht daher zunächst nicht, warum es ausgerechnet in Anbetracht der verlockenden Leckereien stehen bleiben soll. Hinzu kommt, dass das Stehen zuvor selten unter Signalkontrolle stand, sondern weitestgehend über Korrektur erarbeitet wurde. Hin und wieder wurde das Pferd zwar auch belohnt, wenn es über einen längeren Zeitraum stehen blieb, aber noch viel häufiger wird es gemaßregelt, sobald es sich bewegt. Fällt diese Maßregelung nun weg und kommt der Reiz „Futter" hinzu, ist die Verwirrung seitens des Pferdes zunächst einmal groß.

Ziehen Sie für das Training nicht unbedingt Ihre Lieblingskleidung an, denn es könnte sein, dass Ihr Pferd auf Ihrer Kleidung die eine oder andere Spur hinterlässt. Selbst höfliche Pferde könnten mal versuchen, daran zu ziehen.

Beginnen Sie mit der Targetübung und gegebenenfalls auch mit dem Halftergriff, damit Ihr Pferd schon einmal eine Idee hat, um was es geht. Es sollte darauf eingestellt sein, dass es für die Belohnung arbeiten muss und Sie kein Selbstbedienungsladen sind.

Stellen Sie sich seitlich mit etwa einer Armlänge Abstand neben Ihr Pferd und richten Sie Ihren Blick nach vorn. Geben Sie Ihrem Pferd nicht das Gefühl, dass Sie eine Erwartung haben, sondern verinnerlichen

Sie eher das Gefühl, als würden Sie sich mit einem Dritten unterhalten und dabei nicht gestört werden wollen. Ihre Hände verschränken Sie auf der Tasche vor Ihrem Bauch. Es ist wichtig, dass Sie dies immer auf die gleiche Art machen, denn das wird später Ihr Signal für die Nullposition sein. Nehmen Sie bitte kein Leckerli in die Hand, auch wenn Sie damit eine halbe Sekunde Zeit bei der Belohnung sparen könnten. Der Reiz wäre für Ihr Pferd zu hoch und würde seine Suchlaune nur noch steigern.

Vermutlich wird Ihr Pferd nun anfangen, Sie nach Futter abzusuchen, und dabei mehr

Ihre Körperhaltung wird für Ihr Pferd das Signal zum Einnehmen der Nullposition.
(Foto: Friederike Scheytt)

oder weniger aufdringlich sein. Auch wenn es schwerfällt, versuchen Sie es zu ignorieren. Sie können sich leicht wegdrehen, damit Ihr Pferd nicht direkt Ihre Hände erreicht. Solange Ihr Pferd nur an Ihnen „schleckt" oder sucht, ist alles okay. Das darf es. Es darf nur keinen Erfolg haben. Sobald Ihr Pferd sich von Ihnen abwendet, markern und belohnen Sie es.

Falls Ihr Pferd zu heftig wird, sollten Sie zunächst den Halftergriff trainieren, sodass Sie notfalls auf diesen zurückgreifen können. Häufig reicht es aber auch, das Pferd mit der flachen Hand sanft und geradezu beiläufig von sich wegzuschieben, ganz so, als wollten Sie einem Kleinkind bedeuten zu warten, während sich die Erwachsenen unterhalten.

Hält Ihr Pferd auch nur einen Moment still und seinen Kopf in Position, markern Sie und füttern Sie das Pferd in der gleichen Position, in der es war, als sie gemarkert haben. Dabei spielt es übrigens keine Rolle, ob Ihr Pferd nun zufällig hochgeguckt hat, weil es etwas Spannendes gesehen hat, oder bewusst. Am Anfang ist ohnehin alles Zufall, aber Ihr Pferd wird schon bald verstehen, wofür es belohnt wird.

Die Position des Pferdes bei der Futtergabe spielt eine wichtige Rolle, da das Pferd nicht nur den Zeitpunkt des Markers mit dem Verhalten verknüpft, sondern auch die Position, in der es das Futter erhalten hat. Üblicherweise folgen die Pferde nach dem Markersignal noch für eine ganze Zeit lang der Hand, die sich Richtung Tasche bewegt (deshalb ist es auch so wichtig, die Hand erst nach dem Markersignal zur Tasche zu bewegen). Lassen Sie sich nicht beirren und führen Sie Ihre Hand sichtbar mit ausgestreck-

tem Arm zurück zur Ausgangsposition und reichen dort das Futter. Mit der Zeit wird das Pferd lernen, dass sich der Aufwand nicht lohnt und es auf sein Futter warten kann. Ein Fluchttier hat keine Energie zu verschenken, und die Bewegung zum Futter wäre auf lange Sicht genauso unökonomisch wie das „Betteln" an sich. Außerdem dient diese Erkenntnis auch der Reduzierung von Stress, weil das Pferd sich nicht beeilen muss, um an das Futter zu gelangen. Versprochen ist schließlich versprochen.

Sie werden sehen, nach kurzer Zeit wird Ihr Pferd sich bemühen, das Richtige zu tun, und von allein in die Nullposition streben. Auch kurzes Zögern kann schon eine Bemühung sein, die eine Belohnung wert ist. Achten Sie darauf, dass Ihr Pferd seinen Kopf mittig trägt und nicht etwa von Ihnen wegschaut. Denn wenn Sie das Abwenden belohnen, wird Ihr Pferd in Zukunft genau dies tun. Und glauben Sie mir, wenn ein Pferd das Wegschauen als „Plan B" erkannt hat, kann das sehr anstrengend sein!

Ebenfalls wichtig ist, dass Sie von Beginn an darauf achten, dass Ihr Pferd mit allen 4 Hufen auf dem Boden steht. Gerade bei einem Pferd, das gern scharrt, ist dies ein wichtiges Kriterium. Sollte Ihr Pferd anfangen zu scharren, beenden Sie die Übung und laufen ein Stück. Dann beginnen Sie erneut. Markern Sie schnell genug das Stillstehen, noch bevor Ihr Pferd ungeduldig wird. Warten Sie nicht auf Fehler, sondern belohnen Sie, solange Ihr Pferd sich noch richtig verhält!

Achten Sie darauf, dass sich keine unerwünschten Verhaltensketten bilden. Im Kapi-

Achten Sie beim Füttern immer auf den richtigen Futterpunkt.
(Foto: Friederike Scheytt)

tel über Verstärker (Seite 41ff.) habe ich bereits erklärt, dass auch Signale oder Übungen belohnend wirken können. Wenn Ihr Pferd in Erwartung der Belohnung scharrt, das Scharren aber einstellt, sodass Sie unmittelbar danach markern und belohnen, haben Sie zwar das Stillstehen belohnt, aber auch das Scharren.

Es entsteht das Muster „Erst scharren, dann stillhalten". Warten Sie nach dem Scharren also mindestens 2 bis 3 Sekunden oder, wenn Sie unsicher sind, beenden Sie die Übung durch Laufen und beginnen

erneut. Dasselbe wie für Verhaltensketten gilt auch für das Absuchen nach Futter oder das Anstupsen. Auch hier sollten Sie auf ein deutliches „Durchatmen" seitens des Pferdes Wert legen, bevor Sie markern und belohnen.

Wenn Sie ganz sicher sind, dass Ihr Pferd das Signal „Mensch steht neben mir und verschränkt die Hände auf der Tasche vor dem Bauch" verstanden hat und daraufhin zuverlässig die Nullposition einnimmt, können Sie mit geringfügigen Modifikationen beginnen. Sie können mal eine und später beide Hände heben, am Kopf oder Maul vorbeiführen oder auch Ihre Position verändern. Üben Sie die Nullposition von beiden Seiten und füttern Sie mit beiden Händen. Ihr Pferd muss lernen, dass Ihre Hände und Ihre Bewegungen keine Ankündigung für Futter sind und es weiterhin entspannt stehen bleiben soll.

Auch hier gilt: Steigern Sie die Anforderung immer nur sehr kleinschrittig. Wenn Ihr Pferd einen Fehler macht oder nicht zum gewünschten Verhalten zurückfindet, bauen Sie weitere Zwischenschritte ein.

IMPULSKONTROLLE

Mit dieser Übung können Sie die Impulskontrolle Ihres Pferdes verbessern und so weiter an seiner Höflichkeit arbeiten.

Als Impulskontrolle bezeichnet man die Fähigkeit des Pferdes, sich bei der Arbeit und der Anwesenheit von Futter „im Griff" zu haben. Der natürliche Impuls wäre, zur Verfügung stehendes Futter auch zu fressen. Das Pferd soll sich also beherrschen lernen. Pferde mit mangelnder Impulskontrolle sind häufig schnell frustriert, was ihre Konzentrationsfähigkeit einschränkt. Die Impulskontrolle lässt sich ebenso wie die Frustrationstoleranz nur bis zu einem gewissen Grad trainieren. Dabei muss stets die aktuelle Tagesform des Pferdes berücksichtigt werden. Die folgende Übung sollten Sie anfangs nicht zu oft wiederholen, denn die Fähigkeit zur Impulskontrolle ist nicht unbegrenzt. Jedes Mal, wenn das Pferd sich beherrschen muss, wird ein bisschen davon aufgebraucht, und je näher es am Limit ist, desto schwerer fällt ihm die Beherrschung. Doch die Impulskontrolle regeneriert sich wieder, wenn sie nicht

beansprucht wird. Planen Sie also genug Pausen ein.

Die Voraussetzung für diese Übung ist der Haltergriff. Diesen sollten Sie zuvor noch einige Male wiederholen, um die Erinnerung Ihres Pferdes aufzufrischen.

Stellen Sie sich nun seitlich neben Ihr Pferd, greifen Sie ins Halfter und legen die freie Hand auf den Nasenrücken oberhalb des Nasenriemens. Nicht drücken, nur drauflegen. Warten Sie, bis Ihr Pferd stillhält, und belohnen Sie dann. Das Leckerli nehmen Sie

Die Verbesserung der Impulskontrolle ist trainierbar. (Foto: Friederike Scheytt)

mit der auf dem Nasenrücken platzierten Hand aus der Tasche und reichen es „in Position" Ihrem Pferd.

Reagiert Ihr Pferd zuverlässig, rutschen Sie mit Ihrer Hand immer weiter nach unten auf dem Nasenrücken. Arbeiten Sie in so kleinen Schritten, dass Ihr Pferd möglichst keine Fehler macht, und belohnen Sie jede erfolgreiche Positionsveränderung. Wiederholen Sie dies, bis Sie Ihre Hand einigermaßen entspannt auf der Oberlippe Ihres Pferdes ruhen lassen können. Prima, nun haben Sie schon einiges geschafft.

Die nächste Herausforderung besteht darin, dass Sie in der „freien" Hand beim Auflegen auf den Nasenrücken ein Leckerli in der Hand halten. Beginnen Sie wieder auf dem Nasenrücken, mit einem Leckerli unter Ihrer Hand. Ihr Pferd hält still? Dann markern Sie und rutschen danach (wichtig!) direkt hinunter zum Maul des Pferdes, um es zu füttern. Die Position der Hand und damit auch des Leckerlis verändern Sie nun ebenso wie zuvor immer weiter Richtung Oberlippe des Pferdes, bis Sie die Hand mit dem Leckerli auch dort ruhig liegen lassen können und Ihr Pferd wartet, bis Sie das Markersignal gegeben haben.

Sie sollten diese Übung auf jeden Fall auch noch „frei", also ohne das Anfassen am Halfter, trainieren. Dazu beginnen Sie wieder nur mit der Hand auf dem Nasenrücken ohne Leckerli. Arbeiten Sie die Schritte bis zur Oberlippe durch und wiederholen Sie das Ganze dann noch einmal mit dem Leckerli in der Hand. Sie sehen schon – kleinschrittiges Vorgehen ist wichtig!

Im Prinzip ist es auch denkbar, die Übung direkt frei zu beginnen, wenn Sie kleinschrittig genug vorgehen. Lassen Sie Ihr Gefühl entscheiden, welche Variante Sie wählen. Bevor es jedoch in Stress für Sie und Ihr Pferd ausartet, sollten Sie „auf Nummer sicher" gehen und die Übung mit dem Griff ins Halfter beginnen.

Mit dieser Übung können Sie unglaublich viel anstellen. Sie ist nicht nur ein gutes Trainingsmittel zur Impulskontrolle, sondern hilft auch Ihnen, Ihre Shapingqualitäten zu verbessern, indem Sie sich schrittweise und überlegt dem Zielverhalten nähern. Wiederholen Sie die Übung ruhig auch an anderen Stellen, am Kinn, an der Wange oder seitlich des Mauls. Auch hier beginnen Sie zunächst ohne Leckerli an einer weiter entfernten Stelle und arbeiten sich dann allmählich vor.

Wenn Sie möchten, können Sie später daraus sogar eigenständige Körpertargets (Kopftargets) machen, indem Sie die Berührung nicht mehr selbst initiieren, sondern Ihre Hand kurz über dem Fell halten und warten, bis das Pferd die Berührung sucht – natürlich ohne Futter in der Hand.

Stellen Sie sich vor, wie großartig es sein wird, wenn Sie mithilfe positiver Verstärkung die Transformation vom „Händefresser" zu einem höflich Ihre Hand suchenden Pferd geschafft haben. Das ist ein realistisches Ziel, denn es gibt keine Zeitvorgabe und beliebig viele Zwischenschritte, die Sie trainieren können.

KOPF SENKEN

Das Kopfsenken auf ein Hand- oder Stimmsignal ist eine sehr nützliche Lektion. Es wirkt nicht nur beruhigend, sondern kann auch

Je mehr unterschiedliche Positionen Sie konditionieren, desto gelassener kann Ihr Pferd damit umgehen.
(Foto: Friederike Scheytt)

gymnastizierend eingesetzt werden, etwa beim Longieren oder Reiten.

Beginnen Sie am besten in einer ruhigen Minute, wenn Sie und Ihr Pferd möglichst entspannt sind.

Da wir das Kopfsenken frei formen möchten, ist dies eine wichtige Voraussetzung. Unter Stress oder beunruhigt wird sich Ihr Pferd schwertun, den Kopf zu senken.

Stellen Sie sich neben Ihr Pferd, aber achten Sie darauf, nicht die Nullposition zu verwenden, damit Ihr Pferd nicht verwirrt wird. Lassen Sie Ihre rechte Hand am besten ent-

spannt am Körper herunterhängen. So wird die spätere Einführung des Signals einfacher, weil das Signal (Handfläche am gestreckten Arm parallel nach unten) nicht zu stark von Ihrer jetzigen Haltung abweicht.

Nun warten Sie, bis Ihr Pferd seinen Kopf ein Stück senkt. Beobachten Sie es gut, eine kleine Bewegung reicht schon. Im Moment des Kopfsenkens markern und belohnen Sie. Die Belohnung reichen Sie dabei ruhig etwas tiefer, als das Pferd den Kopf gesenkt hat. Dann gehen Sie zurück in die Ausgangsposition und warten wieder, bis es den Kopf senkt und Sie es belohnen können. Mit der Zeit wird Ihr Pferd den Kopf zügiger senken. Hat Ihr Pferd die Anforderung verstanden, können Sie beginnen, die Form zu verändern. Warten Sie, bis Ihr Pferd den Kopf etwas tiefer senkt als die letzten Male, bevor Sie belohnen. Die gesteigerten Anforderungen kann es aber nur erfüllen, wenn es verstanden hat, worum es geht.

Senkt Ihr Pferd zuverlässig den Kopf, können Sie das entsprechende Signal dafür einführen. Bei jedem Kopfsenken sagen Sie zum Beispiel „Head down" und senken die Handfläche mit einer deutlichen Abwärtsbewegung Richtung Boden. Überprüfen Sie nach einigen Wiederholungen, ob Ihr Pferd das Signal verknüpft hat. Warten Sie, bis es den Kopf auf Normalhöhe hat, und geben dann das Signal. Hat Ihr Pferd es verstanden, wird es nun den Kopf senken. Falls nicht, wiederholen Sie den vorangegangenen Schritt.

Im nächsten Schritt können Sie üben, dass Ihr Pferd den Kopf gesenkt lässt, bis Sie es wieder „heraufholen". Dieser Schritt kann etwas dauern, weil er für das Pferd schwieriger zu verstehen und auch körperlich anspruchsvoller ist.

Es kann einen Moment dauern, bis Ihr Pferd versteht, dass es nicht um die Nullposition geht, und etwas anderes ausprobiert. (Foto: Friederike Scheytt)

Mithilfe von Stimm- und Handsignalen lässt sich das Kopfsenken auch auf andere Situationen übertragen. (Foto: Friederike Scheytt)

Es gibt mehrere Möglichkeiten, das Kopfsenken über eine längere Zeit zu trainieren.

Lassen Sie Ihr Pferd erneut den Kopf senken und zögern Sie nun das Markersignal allmählich hinaus, sodass Sie die Dauer des Kopfsenkens langsam erhöhen. Sie müssen dabei auf der Hut sein, damit Sie markern können, bevor das Pferd den Kopf wieder hebt. Der Marker beendet wie immer das Verhalten, nur dass er jetzt nicht mehr ertönt, sobald das Pferd den Kopf senkt, sondern

erst, wenn es die Übung kurz gehalten hat. Wenn Sie Ihr Pferd beim Erlernen der Lektion in Bodennähe gefüttert haben, sollte es ohnehin bereit sein, den Kopf gesenkt zu lassen. Steigern Sie die Anforderungen wie immer sehr langsam. Löst Ihr Pferd die Übung vorher auf, fragen Sie sie erneut ab.

Falls Ihr Pferd auch nach einiger Zeit des Übens nicht versteht, den Kopf unten zu halten, lassen Sie es zweimal kurz hintereinander den Kopf senken und belohnen Sie erst dann. Machen Sie zweimaliges Kopfsenken zur Voraussetzung für eine (!) Belohnung. Pferde sind, wie schon erwähnt, Energiesparmodelle. Es wird schnell verstehen, dass sich das Kopfheben nicht lohnt, sodass Sie auch auf diese Weise an der Dauer arbeiten können.

Für die Signalkontrolle ist es im späteren Verlauf wichtig, dass Sie das Kopfsenken nur belohnen, wenn Ihr Pferd den Kopf nicht vor dem Markersignal (= Auflösesignal) hebt. Schätzen Sie also realistisch ein, wie lange Ihr Pferd die Übung halten kann.

Sie sollten ebenfalls üben, dass das Pferd sowohl die ihm zugewandte als auch die abgewandte Hand als Signal versteht, damit Sie unabhängig sind, falls Sie einmal etwas in der Hand tragen. Und selbstverständlich sollten Sie diese Übung von beiden Seiten trainieren.

Nach und nach können Sie das Kopfsenken auch mit anderen Übungen verbinden, mit dem Rückwärtsrichten, dem Führen oder auch mit dem Longieren. Fangen Sie immer wieder mit niedrigen Anforderungen an und steigern Sie die Dauer langsam. Jede Kombination mit einem anderen Signal ist für Ihr Pferd eine ganz neue Übung.

Wenn Sie das Kopfsenken auch beim Reiten einsetzen möchten, empfiehlt es sich, später noch ein weiteres Signal einzuführen, das auch vom Sattel aus verständlich ist. Ich nutze dafür eine Stelle etwa 10 Zentimeter vor dem Widerrist auf dem Pferdehals. Setzen Sie das neue Signal einfach vor das alte Signal, indem Sie zunächst das Pferd am Widerrist kraulen und dann das Stimmsignal geben. Reicht dies nicht aus, senken Sie die freie Hand. Sobald Ihr Pferd reagiert: Markersignal und belohnen. Nach einiger Zeit überprüfen Sie, ob das Pferd bereits allein auf das Kraulen reagiert. Üben Sie beide Signale unabhängig voneinander, um beide zu etablieren.

MATTENTRAINING

Nachdem Sie Ihrem Pferd bereits erfolgreich beigebracht haben, ein mobiles Target zu berühren, möchte ich Ihnen nun das Bodentarget erklären. In unserem Fall ist es eine auf dem Boden liegende Matte. Ziel ist, dass Ihr Pferd auf ein Signal hin mit 2 oder 4 Beinen die Matte betritt und dort verweilt, bis Sie eine andere Aufgabe stellen oder das Pferd hinunterbitten. Hierzu ist ein sorgfältiges und langfristig angelegtes Training notwendig. Ihr Pferd soll die Matte jederzeit gern betreten. Bodentargets sind im konventionellen Training weitgehend unbekannt, dabei sind sie ein hervorragendes Trainingsmittel. Durch das Prinzip von Annäherung in Verbindung mit einem hochfrequent verstärkten Ort (der Matte) können Sie Ihrem Pferd beispielsweise beibringen, in einen Anhänger zu steigen. Auch „gruselige" Orte und Situationen lassen sich erfolgreich entschärfen, indem man sich ihnen mithilfe der Matte annähert. Außerdem lässt sich die Matte immer dann einsetzen, wenn es darum geht, dass Ihr Pferd an einem Ort stehen bleibt. Selbst wenn Sie keine Matte zur Hand haben, können Sie sich an der Vorgehensweise orientieren, um unbekanntes oder schwieriges Terrain zu bewältigen. Als Bodentarget eignen sich feste, robuste Gummimatten, die auch scharrenden Pferdehufen widerstehen, nicht verrutschen und sich deutlich vom Untergrund abheben. Ich verwende gern schlichte Geräuschdämmmatten (Unterleger für Waschmaschinen) aus dem Baumarkt.

Die Matte konditionieren

Legen Sie die Matte auf den Boden und nähern Sie sich mit Ihrem Pferd der Matte. Hierzu können Sie durchaus Halfter und Führstrick verwenden. Setzen Sie Ihr Pferd jedoch nicht unter Druck, sondern lassen Sie das Seil locker! Alternativ können Sie das Seil auch um den Hals knoten und dann loslassen. So haben Sie im Notfall etwas zum Hineingreifen.

Markern und belohnen Sie schon den ersten interessierten Blick Ihres Pferdes zur Matte. Ihr Pferd soll wissen, dass es um das „Ding am Boden" geht. Im Idealfall bestärken Sie so lange den Blick auf das Bodentarget, bis Ihr Pferd sich ihm von selbst annähert. Dann belohnen Sie jeden Vorwärtsschritt. Ein „glatter Durchlauf" ist es, wenn Ihr Pferd neugierig und mutig genug ist, durch die wiederholte Belohnung des Vorwärtsimpulses auf die Matte zu steigen.

Wenn Ihr Pferd jedoch bei der Annäherung an die Matte zögerlich ist oder länger stehen bleibt, führen Sie es neu heran und halten Sie an dem Punkt, an dem die Distanz für Ihr Pferd noch in Ordnung ist. Stellen Sie sich so vor Ihr Pferd, dass die Matte zwischen Ihnen und ihm liegt. Ist dies bereits zu nah, können Sie sich auch auf oder vor die Matte stellen. Die Distanz zur Matte sollte so gewählt sein, dass Sie Ihr Pferd durch das Locken mit Futter zu einer Bewegung in Richtung Matte animieren können. Wenn Ihr Pferd einen Schritt in Richtung Matte macht, markern und

belohnen Sie. Dazu strecken Sie Ihren Arm nach vorn Richtung Pferd aus und halten das Futter etwas oberhalb des Buggelenks, sodass Ihr Pferd das Futter nur erreicht, wenn es einen Schritt rückwärtsmacht. Wirken Sie hierfür nicht ein, sondern lassen Sie das Pferd selbst herausfinden, dass es sich zurückbewegen muss, um an das Futter zu gelangen – auch wenn dies einen Moment dauert. Durch den Schritt zurück können Sie die Annäherung an die Matte gleich darauf noch einmal üben und bestärken, ohne dass die Distanz zur Matte geringer und deshalb „unheimlicher" für Ihr Pferd wird. Die Matte soll schließlich von Anfang an etwas Positives für Ihr Pferd darstellen.

Lassen Sie Ihr Pferd nach 4 bis 5 erfolgreichen Annäherungen einen weiteren Schritt Richtung Matte machen und füttern Sie dann erneut 1 Schritt zurück (also 2 Schritte vor und 1 zurück), sodass nun die Distanz verringert ist. Nach diesem Schema arbeiten Sie weiter, bis Ihr Pferd sich vertrauensvoll auf die Matte stellt. Dieses Vorgehen eignet sich übrigens auch für die Annäherung an andere „Bodenhindernisse".

Steht Ihr Pferd mit beiden Vorderhufen auf der Matte, wird dieser „Meilenstein" mit einer ausgiebigen „Leckerlidusche" belohnt. Die Leckerlidusche ist für Ihr Pferd der ultimative Jackpot und bedeutet, dass Sie in schneller Abfolge das Markersignal und die anschließende Belohnung geben. Belohnen Sie so viel, dass Sie schon das Gefühl haben, es sei zu viel. Gerade zu Beginn gibt es für das korrekte Stehen auf der Matte kein „Zuviel". Ihr Pferd soll die Matte als einen überaus positiven Ort kennenlernen und keinen

Zweifel daran haben, dass es sich lohnt, darauf stehen zu bleiben. Führen Sie Ihr Pferd anschließend von der Matte; wiederholen Sie diesen Vorgang einige Male, sodass Ihr Pferd der Matte mit freudiger Erwartung entgegensieht.

Sollte Ihr Pferd während des Mattentrainings anfangen, auf der Matte zu scharren oder in sie hineinzubeißen, beenden Sie die Übung und gehen Sie eine kurze Runde mit ihm. Dieses Verhalten soll sich auf keinen Fall für Ihr Pferd lohnen. Wie bereits bei der Nullposition erklärt, besteht auch hier die Gefahr einer unerwünschten Verhaltenskette, bei der das Pferd lernt, erst zu scharren und dann still zu stehen. Danach beginnen Sie erneut mit der Übung. Durch dieses Vorgehen wird Ihr Pferd das Scharren oder Hineinbeißen schnell uninteressant finden, ist es doch der „Ausschalter" für die Leckerligaben.

Hält es dennoch an seinem Verhalten fest, hat es wahrscheinlich noch nicht verstanden, dass sich ausschließlich das ruhige Stehen auf der Matte lohnt. In diesem Fall bauen Sie die Übung neu auf oder wiederholen

a) Schon das erste Annähern an die Matte wird belohnt, um das Interesse des Pferdes zu steigern.

b) Durch Locken können Sie Ihr Pferd zu einer Bewegung animieren.

Sie die einzelnen Trainingsschritte für zögerliche Pferde. Achten Sie dabei darauf, dass Ihr Pferd vor jedem Schritt Richtung Matte mit allen Hufen auf dem Boden steht, und üben Sie gegebenenfalls auch das ruhige Stehen vor der Matte.

Kann Ihr Pferd zuverlässig mit beiden Vorderhufen auf der Matte stehen, lassen Sie es nicht so lange dort stehen, bis es von allein hinuntertritt, sondern bitten Sie es rechtzeitig hinunter. Schließlich soll es im weiteren Verlauf lernen, so lange auf der Matte zu bleiben, bis Sie es zum Verlassen auffordern.

c) Zurückfüttern durch weit hinten angelegten Futterpunkt. (Fotos: Friederike Scheytt)

Lassen Sie es mit der gewohnten Hilfengebung antreten und belohnen Sie das Hinuntersteigen, damit Ihr Pferd das Verlassen der Matte ebenfalls als positiv empfindet.

Legen Sie danach eine kurze Denkpause ein, in der Sie Ihr Pferd kraulen oder einfach nur gemeinsam mit ihm stehen bleiben – dies jedoch nicht unmittelbar neben der Matte, damit Ihr Pferd nicht erneut daraufsteigt. Nach der Pause nähern Sie sich wieder der Matte und beginnen die Übung von vorn. In der Regel können Sie die einzelnen Schritte bis zum „Auf-die-Matte-Steigen" nun schon deutlich verkürzen. Erwarten Sie allerdings nicht, dass Ihr Pferd die Übung schon so weit verinnerlicht hat, dass es von ganz allein auf die Matte tritt. Der Jackpot in Form der „Leckerlidusche" folgt, wenn beide Hufe ruhig auf der Matte stehen.

Wenn Sie das Gefühl haben, Ihr Pferd steht nun sicher und gern auf der Matte, können Sie die Frequenz der Leckerligaben allmählich reduzieren, indem Sie zwischen Leckerli und nächstem Markersignal kurz innehalten. Diesen Moment verlängern Sie nach und nach, bis Ihr Pferd nach einigen Wiederholungen auch ohne Leckerlidusche freudig auf der Matte stehen bleibt.

Seien Sie sensibel in der Steigerung der „Stehzeit" auf der Matte und erhöhen Sie deren Dauer ohne Belohnung nur sehr langsam. Steigern Sie zu schnell, kann es leicht passieren, dass das Pferd die Übung von sich aus abbricht oder beginnt, auf der Matte zu scharren oder sich anderweitig damit zu beschäftigen. Dies gilt es unbedingt zu vermeiden, denn wenn das Pferd erst einmal Gefallen daran findet, kann die Korrektur anstrengend und langwierig sein.

Signalkontrolle

Wenn Ihr Pferd die Übung „Matte" verinnerlicht hat, ist es Zeit, an der Signalkontrolle zu arbeiten. Warten Sie damit nicht zu lange, damit Ihr Pferd nicht fortan auf jeden am Boden liegenden Gegenstand springt. Ein guter Zeitpunkt ist, wenn Ihr Pferd gelassen auf die Matte steigt und dort einen Moment abwarten kann.

Bisher ist das Signal für das Besteigen der Matte das schlichte Vorhandensein der Matte. Zukünftig möchten Sie jedoch, dass Ihr Pferd erst dann daraufsteigt, wenn Sie das Signal dazu geben. Suchen Sie sich also zunächst ein Signal, das sich deutlich von bisherigen Signalen abgrenzt. Zeigen Sie zum Beispiel auf die Matte und sagen Sie „Matte".

Geben Sie das Signal („Matte" + Zeigen) immer kurz bevor Ihr Pferd auf die Matte tritt, im Idealfall kurz vor dem Angehen. Wiederholen Sie dies ruhig einige Male ohne lange Verweildauer auf der Matte, damit sich ein Trainingseffekt einstellt. Achten Sie darauf, dass Sie stets nur „Matte" sagen, nicht etwa „Auf die Matte" oder Ähnliches. Auch Wie-

Damit das Pferd erst auf ein Signal die Matte betritt, müssen sowohl das Warten als auch das aktive Betreten trainiert werden. (Foto: Friederike Scheytt)

derholungen des Signals (sowohl Wort als auch Geste) sollten Sie vermeiden, da Sie das Signal jedes Mal schwächen, wenn Sie es sagen, ohne dass Ihr Pferd darauf reagiert.

Bis jetzt hat Ihr Pferd stets eine Belohnung bekommen, wenn es auf Ihr Signal hin auf die Matte getreten ist (aktive Signalkontrolle). Damit Ihr Pferd tatsächlich auch nur dann auf die Matte geht, wenn Sie das Signal geben, müssen Sie jedoch auch üben, dass Ihr Pferd nicht auf die Matte geht, wenn Sie kein Signal geben. Hierzu belohnen Sie das Stehen vor der Matte in der Nullposition. Erst wenn das Pferd höflich neben Ihnen steht, geben Sie das Signal zum Auf-die-Matte-Treten, indem Sie darauf zeigen und das Stimmsignal geben.

Tritt Ihr Pferd ohne Signal auf die Matte, führen Sie es kommentarlos wieder von der Matte und beginnen erneut. Eventuell sollten Sie Ihr Pferd etwas weiter entfernt von der Matte aufstellen, damit es besser widerstehen kann.

Belohnen Sie das Stehen vor der Matte anfangs nicht zu häufig, damit Ihr Pferd nicht vergisst, was die eigentliche Aufgabe ist. Es soll lediglich verstehen, dass es ab sofort ein Signal für die Übung „Matte" gibt. Zeigen Sie auf die Matte, geben Sie das Stimmsignal und warten Sie auf die Reaktion. Wenn Ihr Pferd auch nach einigen Sekunden keine Regung zeigt, sondern gelassen vor der Matte steht, hat es das Signal möglicherweise noch nicht verstanden. Dann können Sie ihm helfen und etwa 2 bis 3 Sekunden nach dem Stimmsignal eine weitere Hilfe geben, indem Sie das Pferd wie gewohnt anführen. Achten Sie immer darauf, Ihrem Pferd nach dem Signal genügend Zeit zum Nachdenken zu geben,

manchmal kann es etwas dauern „vom Kopf in die Beine". Testen Sie also immer wieder, ob Ihr Signal (Stimmsignal + Zeigen) ausreicht, Ihr Pferd in Bewegung zu setzen, und ob Ihr Pferd auch wirklich nur dann auf die Matte geht, wenn Sie das entsprechende Signal geben.

HANDTARGET – DAS UNSICHTBARE BAND

Bei der Konditionierung des Markersignals hat das Pferd schon gelernt, das Target mit der Nase zu berühren. Bei der Arbeit mit dem Handtarget trainieren Sie ein ganz ähnliches Verhalten. Nun soll Ihr Pferd allerdings nicht mehr das gewohnte Target, sondern Ihre Hand berühren – diese ist nun das neue Target, das Handtarget.

Dazu eignet sich am besten die geschlossene Faust am seitlich ausgestreckten Arm. Da Sie die Faust immer bewusst schließen müssen, kann es nicht so leicht zu Missverständnissen kommen, weil Sie das Signal versehentlich geben.

Konditionierung auf das Handtarget

Die Erarbeitung des Handtargets funktioniert ganz ähnlich wie die Konditionierung auf den Targetstick. Daher ist es sinnvoll, die Arbeit mit dem Targetstick voranzustellen. Wie bereits erwähnt, kommt es gerade zu Beginn der Arbeit mit Targets vor, dass die Pferde versuchen, dort hineinzubeißen. Auch aus diesem Grund ist es wichtig, dass das Pferd bereits weiß, wie es mit dem Target umgehen muss.

Stellen Sie sich seitlich neben Ihr Pferd und strecken Sie Ihren Arm so aus, dass es für das Pferd naheliegend ist, Ihre Faust mit sei-

Präsentieren Sie das Handtarget so, dass es Ihrem Pferd leichtfällt, das Richtige zu tun.
(Foto: Friederike Scheytt)

berührt. Achten Sie darauf, dass Sie auf keinen Fall bestätigen, wenn Ihr Pferd versucht, in Ihre Hand zu beißen. Nehmen Sie stattdessen Ihre Hand sofort aus dem Sichtbereich und machen Ihrem Pferd damit deutlich, dass das Spiel vorbei ist, wenn es beißt.

Als Nächstes ändern Sie die Position Ihres Handtargets. Variieren Sie die Höhe und die seitliche Entfernung, sodass Ihr Pferd zwar stehen bleiben kann, aber den Hals bewegen muss, um das Target zu berühren. Variieren Sie nun auch Ihre eigene Position. Trainieren Sie die gleiche Abfolge auch von der anderen Seite mit der anderen Hand, bis das Berühren des Targets von beiden Seiten und mit beiden Händen zuverlässig aus jeder Position funktioniert.

Es kommt Bewegung ins Spiel

Nachdem Sie bisher im Stand mit dem Handtarget gearbeitet haben, gehen wir nun zur Bewegung über. Mittels Handtarget können Sie ganz ohne Seil, Gerte oder sonstige „Druckmittel" Bewegung erzeugen. Dies ist besonders hilfreich, wenn Ihr Pferd zum Vorwärtsgehen sonst Initialdruck, also die „Androhung" von mehr Druck, benötigt.

Bisher musste Ihr Pferd nur seinen Kopf oder Hals bewegen, um an das Target zu gelangen, nun muss es sich in Bewegung setzen. Platzieren Sie das Target (Ihre Hand) so, dass Ihr Pferd einen Schritt vor machen muss, wenn es das Target berühren möchte. Bleibt Ihr Pferd stehen und bewegt sich auch nach kurzer Wartezeit nicht zum Target, sollten Sie noch eine Weile im Stand weiterarbeiten und das Handtarget weiter „positiv laden". Nehmen Sie sich dafür ruhig

ner Nase zu berühren. Passiert dies, markern und belohnen Sie und senken Arm/Faust aus dem Sichtbereich des Pferdes. Die Belohnung reichen Sie mit der anderen Hand, damit Ihr Pferd sich auf die Aufgabe konzentriert und eine klare Trennung zwischen Belohnung und Berührung besteht. Wiederholen Sie dies einige Male zügig hintereinander und machen Sie dann eine kurze Pause, in der Ihr Pferd das Gelernte verarbeiten kann. Anschließend üben Sie weiter – so lange, bis das Pferd Ihre Faust zuverlässig und höflich

einige Tage Zeit und versuchen Sie es dann erneut. Rom wurde auch nicht an einem Tag erbaut.

Setzt Ihr Pferd sich in Bewegung, markern Sie dennoch erst, wenn Ihr Pferd an Ihre Hand „andockt" – nicht während der Bewegung.

Beginnen Sie mit einem Schritt und steigern Sie die Anforderungen allmählich, bis Sie mittels Handtarget kurze und später längere Distanzen überwinden können.

Beim Führen mit Handtarget nutzen wir die dem Pferd zugewandte Hand als Target. (Foto: Friederike Scheytt)

Ihr Pferd muss dabei nicht nach jedem Schritt „andocken", sollte aber am Ende der Strecke auf jeden Fall das Target berühren. Bleiben Sie deshalb am Ende der Strecke stehen oder werden langsamer.

Es bietet sich an, das Laufen zunächst entlang der Bande zu üben, bis das Prinzip verstanden wurde. Wenn dies zuverlässig klappt, sollten Sie sich von der Bande lösen und auf beiden Händen freie Linien laufen, damit Ihr Pferd nicht versehentlich lernt, dass es sich nur entlang der Bande bewegen soll.

Das Handtarget ist eine sehr nützliche Hilfe, um nicht nur die Bewegung im Schritt zu etablieren und die Freiarbeit vorzubereiten, sondern auch für den Trab und eventuell zu einem späteren Zeitpunkt den Galopp. Häufig ergibt sich der Trab von selbst, wenn das Pferd genügend „Zug" zum Target hin zeigt. Beschleunigen Sie Ihre Schritte, sodass auch Ihr Pferd schneller wird. Markern und belohnen Sie wieder die Berührung des Targets – nicht das Beschleunigen. Wenn Ihre Schritte schnell genug sind, wird es Ihrem Pferd zu anstrengend sein, im Schritt mitzuhalten, und es trabt an.

Alternativ können Sie nur noch jede zweite Berührung des Targets belohnen. Die meisten Pferde fangen dann nach einiger Zeit an, die zweite Berührung „zügiger" herbeiführen zu wollen, und traben deshalb an.

Sie können auch probieren, selbst „anzutraben" und das Pferd so zum Mitlaufen zu animieren. Dabei sollten Sie darauf achten, dass Sie nicht „minutenlang" ohne Reaktion neben Ihrem Pferd hertraben, damit es gegenüber dem Signal nicht abstumpft. Der Nachteil die-

Sie können das Antraben wunderbar mit der Übung „Matte" kombinieren, indem Sie die Matte als Laufziel etablieren. (Foto: Friederike Scheytt)

ser Methode ist, dass Ihr Pferd in Zukunft stets antrabt, wenn Sie selbst schneller laufen.

Trabt Ihr Pferd an, markern und belohnen Sie diesmal das Antraben. Üben Sie es einige Male, bis Sie die Anzahl der Trabtritte allmählich erhöhen können. Erst wenn Ihr Pferd zuverlässig antrabt und einige Tritte im Trab läuft, markern Sie wieder die Berührung des Handtargets.

Das Handtarget ist eine wunderbare Möglichkeit, das freie Führen vorzubereiten, um das es im nächsten Kapitel geht.

Kommunikation am Boden

Die Grundlage für die beiderseitige Kommunikation wird stets am Boden gelegt. Vermutlich haben Sie und Ihr Pferd in der Bodenarbeit bereits etwas Erfahrung – schließlich kommt man nicht darum herum, sein Pferd von „A nach B" zu führen. Ich empfehle Ihnen dennoch, sich hier ganz unvoreingenommen aufs Neue mit diesem „Lernstoff" auseinanderzusetzen. Lesen Sie dieses Kapitel aufmerksam und vielleicht auch mehrmals, bevor Sie ans Pferd gehen und ausprobieren. Es ist wichtig, dass Sie das Konzept verstanden haben, um richtig reagieren zu können und Ihrem Pferd so ein entspanntes Lernen zu ermöglichen.

Die Arbeit am Boden, wie ich sie hier beschreibe, ist darauf ausgelegt, dass Sie am Ende ohne Seil mit Ihrem Pferd arbeiten können – frei und vor allen Dingen freiwillig.

Damit auch Ihr Pferd unbeschwert an diese Aufgabe herangehen kann, sollten Sie von Anfang an auf Strick und Gerte verzichten und das Führen neu erarbeiten. Als Vorbereitung für das freie Arbeiten eignet sich das Training mit dem Handtarget, es ist aber nicht zwingend notwendig.

Wenn Sie sich ein Trainingsareal mit anderen Pferd-Mensch-Paaren zeitgleich teilen oder keine Abgrenzung des Arbeitsbereichs haben (zum Beispiel auf einer Weide), sollten Sie zur Sicherheit ein Seil um den Pferdehals legen, in das Sie im Notfall hineingreifen können. Noch besser wäre, sich ein kleineres Trainingsareal abzustecken. Ansonsten benötigen Sie außer Ihrem Futterbeutel und etwas Geduld nichts weiter.

DIE POSITION DES PFERDES

Für das „Führen" ist die Position des Pferdes sehr wichtig, denn das Pferd soll lernen, diese Position selbstständig einzunehmen. Stellen Sie sich vor, Sie wären nun das „Target", an dem sich Ihr Pferd orientieren soll. Platzieren Sie sich so, dass Sie vor der Schulter Ihres Pferdes stehen, die Augen und Ohren Ihres Pferdes befinden sich jedoch vor Ihnen.

Wenn Sie entspannt zur Seite blicken, sollten Sie Ihrem Pferd in die Augen sehen können. Halten Sie etwas Abstand zur Pferdeschulter, es kann sonst leicht passieren, dass Sie Ihrem Pferd unabsichtlich den Weg versperren und so eine Vorwärtsidee verhindern.

Die Position neben dem Pferd hat den Vorteil, dass Sie es während der Arbeit gut sehen und einschätzen können. So kann ein freundlicher Dialog entstehen. Auch aus Sicherheitsgründen ist das Gehen neben dem Pferd sinnvoll. Pferde sind trotz allen Trainings immer noch Fluchttiere. Ein Pferd, das erschrickt, handelt impulsiv und könnte Sie mit einem unerwarteten Sprung nach vorn leicht umstoßen – oder Schlimmeres.

DER EIGENE KÖRPER IM FOKUS

Für die Arbeit mit dem Pferd sollte man auch seinen eigenen Körper gut kontrollieren können, denn unsere Körpersprache ist die Grundlage der Signalgebung.

Neben deutlich sichtbaren körpersprachlichen Signalen spielen auch unsere innere Haltung, der Spannungszustand unseres Körpers und vor allem dessen Ausrichtung eine wichtige Rolle.

Wann immer Sie Ihr Pferd nach Bewegung fragen, ist es sinnvoll, eine gewisse Grundspannung im Körper zu haben, damit Ihr Pferd weiß: Jetzt bin ich gefragt. Je höher Ihre Körperspannung, desto energischer sollen die Bewegungen Ihres Pferdes werden. Im Zuge dessen muss Ihr Pferd ebenso lernen, dass es bei deutlicher Entspannung Ihrerseits ebenfalls entspannt pausieren soll. Mit entsprechendem Pausentraining haben Sie schon eine gute Vorbereitung für diesen Schritt geleistet.

Ihr Körper sollte sich stets dorthin orientieren, wo Ihr gemeinsames Ziel ist. Es sollte also ein spürbarer Fokus vorhanden sein, der Ihrem Pferd die Richtung vorgibt. Wenn Sie geradeaus führen, richten Sie sich genau dorthin aus. Führen Sie eine Volte, darf Ihr Körperschwerpunkt ruhig etwas Richtung Mitte weisen.

Pferde sind sehr feinsinnige Tiere, die auch kleinste Bewegungen und Veränderungen wahrnehmen. Dieses Gespür bringen sie von Natur aus mit. Doch entgegen der Meinung,

wir müssten nur die Sprache der Pferde „imitieren", lernen sie die Bedeutung unserer Körpersprache erst durch entsprechendes Training. Wenn Sie also beim Aufbau Ihrer gemeinsamen Sprache konsequent und sorgfältig vorgehen, wird es Ihnen möglich sein, nur mithilfe feiner Körpersignale mit Ihrem Pferd „zu tanzen".

DAS ANTRETEN – BEWEGUNG ERZEUGEN

Der Beginn der freien Arbeit am Boden ist stets das Antreten. Die meisten Pferde sind es gewohnt, sich erst auf einen gewissen Ini-

Die richtige Position beim Anführen
(Foto: Friederike Scheytt)

Zum Füttern wendet sich der Mensch dem Pferd zu.
(Foto: Friederike Scheytt)

tialdruck hin zu bewegen. Das bedeutet, dass entweder das Seil oder die Gerte eingesetzt werden, um dem Pferd das Kommando zum Antreten zu geben, oder aber das Pferd setzt sich in Bewegung, wenn der Mensch losgeht. Nun soll Ihr Pferd jedoch „selbstständig" antreten und dafür ein neues Signal lernen. Dabei ist es wichtig, dass Ihr Pferd zuerst antritt und Sie ihm sozusagen folgen. So befindet sich Ihr Pferd direkt zu Beginn in der gewünschten Position neben Ihnen und wird diese auch schneller lernen. Würden Sie zuerst loslaufen und das Pferd sich Ihnen

anschließen, müssten Sie unmittelbar nach dem Loslaufen die Position des Pferdes korrigieren – eine unschöne Situation. Schließlich hat es das Richtige getan und wird dennoch korrigiert.

Stellen Sie sich wie oben beschrieben neben Ihr Pferd und strecken Sie die dem Pferd zugewandte Hand nach vorn, als würden Sie Ihrem Pferd den Weg weisen.

Die gleichseitige Schulter bewegt sich dabei mit nach vorn. Wenn Ihr Pferd das Handtarget kennt, verwenden Sie nun die offene Hand – nicht die Faust. Ihr Pferd soll schließlich nicht an das Target treten, sondern nur einen Schritt vorwärtsmachen. In der Regel fühlen sich die Pferde dennoch durch die vorgestreckte Hand an das Target erinnert und tun sich leichter mit dem Antreten.

Bitte nehmen Sie weder hier noch bei zukünftigen Führübungen das Futter direkt in die Hand, sondern greifen Sie stets erst danach, wenn Sie das Markersignal gegeben haben.

Wenn Ihr Pferd nun antritt und sich so in die „Führposition" bewegt – prima, markern und belohnen Sie! Falls nicht, verlagern Sie Ihr Gewicht etwas nach vorn, so als würden Sie einen Schritt vor machen wollen. Bleiben Sie dabei jedoch neben dem Pferd. Reicht das immer noch nicht aus, können Sie Ihr Pferd ruhig mit Schnalzen oder sanfter Ansprache ermuntern (Achtung, wenn Ihr Markersignal der Zungenclick ist, muss sich das Schnalzen deutlich davon abheben!). Üben Sie sich in Geduld. Es kann ein wenig dauern, bis Ihr Pferd reagiert. Insbesondere wenn Ihr Pferd gelernt hat, erst anzutreten, wenn Sie antreten, wird es das alleinige Antreten nicht direkt verstehen. Lassen Sie sich nicht frustrieren und üben Sie weiter.

Reichen Sie das Futter zunächst mit der Hand, die weiter vom Pferd entfernt ist, nicht mit Ihrer Führhand. So kommt Ihr Pferd auch nicht auf die Idee, mit seinem Maul nach Ihrer Hand zu fischen. Drehen Sie sich bei der Leckerligabe etwas zum Pferd, damit Sie die Hand mit dem Futter direkt unter sein Maul platzieren können. So muss Ihr Pferd sich nicht Ihnen zuwenden. Bewegt Ihr Pferd seinen Kopf oder das Maul in Ihre Richtung, halten Sie die Hand trotzdem an die Stelle, an der sich das Maul beim Markersignal befand. Das Kopfdrehen soll sich für das Pferd nicht lohnen, sodass es diese Bemühung bald einstellt. Unschöne Angewohnheiten wie das Schnappen nach der Hand werden so von vornherein vermieden.

ANHALTEN UND LAUFEN – STOP AND GO!

Wenn das Antreten so weit klappt, dass sich Ihr Pferd auf Ihr Handsignal in Bewegung setzt, sollten Sie direkt den nächsten Schritt in Angriff nehmen: das Laufen und Anhalten.

Geben Sie das Signal zum Antreten und setzen Sie sich erst mit dem Pferd zusammen in Bewegung, sodass es in der richtigen Position neben Ihnen bleibt. Markern und belohnen Sie diesmal nicht schon beim Antreten, sondern erst nach 2 oder 3 Schritten. Ihre Hand bleibt dabei nach vorn gestreckt, so als würden Sie Ihr Pferd an einem unsichtbaren Seil führen. Belohnen Sie so frühzeitig, dass Ihr Pferd die Position neben Ihnen behält und weder zurückfällt noch überholt. Die zentrale Aufgabe für Ihr Pferd ist nämlich, genau diese Position stets beizubehalten, es soll sie als „Komfortposition" abspeichern. Ähnlich wie bei der Arbeit mit dem Handtarget übernimmt hier Ihr eigener Körper die Targetfunktion.

Steigern Sie die Anforderungen an Ihr Pferd langsam, bis es Sie bereitwillig einige Schritte begleitet. Mit längeren Strecken beschäftigen wir uns erst später!

Praktischerweise haben Sie Ihr Pferd beim Üben des Antretens quasi „nebenbei" schon darauf vorbereitet, mit Ihnen anzuhalten, da es zum Belohnen stets stehen bleiben und auch die richtige Position aufsuchen sollte. Nun soll Ihr Pferd aber lernen, auf Ihr Signal hin anzuhalten und nicht erst beim Erklingen des Markersignals wie bisher. Denn bisher haben Sie das Anhalten noch nicht bewusst trainiert.

„Überfallen" Sie Ihr Pferd nicht mit dem Anhalten, sondern wirken Sie durch Ihre Körperhaltung und -bewegung bereits leicht bremsend ein. Wählen Sie dazu einen günstigen Moment, in dem Ihr Pferd gut auf Sie achtet und Sie „in Kommunikation" sind. Lehnen Sie sich etwas zurück und nehmen

Falls Ihr Pferd durch das Zurücknehmen der Schulter nicht anhält, können Sie etwas nach vorn treten. (Foto: Friederike Scheytt)

Sie dabei die äußere, dem Pferd abgewandte Schulter nach vorn. Reicht dies nicht aus, können Sie die Schulter deutlicher dem Pferd zuwenden, kreisförmig einen Schritt nach vorn machen und dabei die Hand heben. Diese Position kennt Ihr Pferd bereits aus dem Zurückfüttern beziehungsweise dem Füttern beim Antreten. Es sollte deshalb schnell verstehen, dass es anhalten soll.

Ist dies nicht der Fall, überprüfen Sie, ob es beim Antreten genügend Routine gewonnen hat und nach dem Markersignal zügig anhält. Starten Sie danach einen neuen Versuch und reduzieren Sie vorher schon etwas Ihr Lauftempo. Sie können auch in Richtung einer Bande anhalten, um die Vorwärtsbewegung etwas zu bremsen. Vergessen Sie aber bitte nicht, dass Sie mit Ihren Hilfen lediglich „Hinweise" geben möchten und keine unangenehmen Konsequenzen androhen möchten.

Wenn Ihr Pferd stehen bleibt, markern und belohnen Sie. Sie dürfen es dabei auch gern etwas feiern und sich gemeinsam freuen.

Bisher konnte Ihr Pferd im Grunde genommen keine „Fehler" machen, da Sie die Situationen so organisiert haben, dass das richtige Verhalten für das Pferd eine logische Konsequenz war. Wenn Sie nun aus dem Laufen heraus anhalten – ob nun durch das Markersignal oder weil Sie gerade das Anhalten üben –, passiert es jedoch leicht, dass das Pferd beim Anhalten 1 oder 2 Schritte nach vorn macht und so die Position an Ihrer Schulter verlässt. Würden Sie das Pferd nun loben, hätte es zwar durch das korrekt getimte Markersignal gelernt, dass das Anhalten erwünscht ist, Sie hätten ihm allerdings auch erklärt, dass die Position vor Ihnen ebenso richtig ist. Damit dies nicht passiert, füttern Sie das Pferd so, dass es seine Position korrigieren muss, um an das Futter zu gelangen.

Drehen Sie sich dazu etwas zum Pferd und füttern Sie es rückwärts. Nehmen Sie das Futter wieder in die dem Pferd abgewandte Hand und drehen sich zum Pferd. Strecken Sie die Futterhand so aus, dass das Pferd einen Schritt zurück machen muss, um sie zu erreichen. Achten Sie darauf, das Futter auf der flachen Hand zu geben, und halten Sie die Hand etwas oberhalb des Buggelenks, sodass das Pferd auch wirklich rückwärtstreten muss. Experimentieren Sie mit der Position ein wenig herum, bis Sie herausgefunden haben, in welcher Höhe und Entfernung es am besten klappt. Vermeiden Sie das Zurückschieben des Pferdes und warten Sie, bis es von allein rückwärtsgeht. Nur wenn Ihr Pferd nach einigen Sekunden wirklich keine Idee hat, sollten Sie ihm durch sanftes „Anschieben" helfen.

Diese Korrektur erfolgt nur dann, wenn sie auch notwendig ist. Hält Ihr Pferd korrekt neben Ihnen an, wird es an Ort und Stelle gefüttert. Dies ist wichtig, damit Ihr Pferd nicht grundsätzlich einen Schritt rückwärtsmacht, wenn Sie anhalten, sondern nur dann, wenn es erforderlich ist. Macht Ihr Pferd versehentlich einen Schritt nach hinten, obwohl es in der richtigen Position stehen geblieben ist, können Sie das Futter im Umkehrschluss auch etwas weiter vorn reichen, sodass Ihr Pferd sich nach vorn korrigieren muss.

Wenn Ihr Pferd seine Position selbstständig korrigiert, können Sie dazu übergehen, aus Ihrer nach vorn gerichteten Position zu füttern und sich nicht mehr zum Pferd zu drehen.

Gehen Sie so vor, ist es gar nicht schlimm, wenn Ihr Pferd zu Anfang nicht prompt auf Ihr Signal reagiert und anhält. Auch wenn es etwas länger dauert, können Sie es doch für das Anhalten belohnen. Sie kommen weiter ohne Korrekturmaßnahmen mit Druck aus, und Ihr Pferd lernt, Ihren Wünschen gern zu folgen.

Nach kurzer Zeit wird Ihr Pferd nicht nur die Hilfe zum Anhalten verstanden haben, sondern auch gelernt haben, dass sich die Komfortposition besonders lohnt.

Mit zunehmender Verfeinerung der Kommunikation reicht schon bald eine Gewichtsverlagerung nach hinten, um Ihr Pferd zum Anhalten zu bewegen. Geben Sie Ihrem Pferd Zeit, diesen Zusammenhang zu verstehen – und geben Sie ihm vor allem Zeit zu reagieren!

LANGSTRECKENLAUF – AUF SCHRITT UND TRITT MIT DEM PFERD

Bisher sind wir nur kurze Strecken mit dem Pferd gelaufen. Das hatte seinen Grund. So hat nicht nur das Pferd in Ruhe und in kleinen Schritten lernen können, sondern auch Sie konnten sich auf Ihre Aufgabe konzentrieren und mit ihr wachsen.

Im letzten Abschnitt haben Sie bereits gelernt, wie wichtig die Position des Futters ist. Das Pferd orientiert sich immer am sogenannten „Futterpunkt", also dem Ort, an dem das Futter erscheint. Wenn Sie das Laufen nun über längere Strecken beibehalten möchten, ist es ungünstig,

Durch das Zurückfüttern korrigiert das Pferd seine Position schon bald selbstständig.
(Foto: Friederike Scheytt)

wenn Sie alle paar Schritte für das Laufen belohnen und dabei das Pferd jedes Mal anhalten lassen und den Bewegungsfluss unterbrechen. Zwar können Sie das Laufen auch über das saubere Steigern der Schrittzahl trainieren, es gibt jedoch noch eine weitaus bessere Möglichkeit: Füttern in Bewegung.

Geben Sie Ihrem Pferd also das Signal zum Antreten und laufen Sie einige Schritte, wie Sie es bisher geübt haben. Markern Sie nach wenigen Schritten, wenn Ihr Pferd in der Komfortposition bleibt.

Statt wie bisher bei Ertönen des Markersignals selbst anzuhalten, markern Sie nun während des Laufens. Achten Sie darauf, dass Ihre Körpersprache nicht versehentlich Anhalten signalisiert oder bremsend wirkt. Laufen Sie einfach weiter, während Sie das Futter aus der Tasche nehmen. Halten Sie es so vor das Pferd, dass es weiterlaufen muss, um daran zu gelangen.

Zugegeben, es erfordert ein wenig Geschick und Geschwindigkeit, aber man kann es lernen. Notfalls können Sie das Füttern in Bewegung zunächst mit einem

Das Füttern in der Bewegung können Sie sowohl mit der linken als auch mit der rechten Hand ausführen. (Foto: Friederike Scheytt)

menschlichen Partner oder auch allein üben. Ganz wichtig hierbei ist, dass Sie nicht stehen bleiben, sondern weiterlaufen und Ihre Hand ebenfalls weiter vorwärtsbewegen – auch wenn das Pferd bereits an Ihre Hand „andockt", um das Futter zu nehmen.

Das Füttern in Bewegung ist zunächst sowohl für das Pferd als auch für den Menschen etwas ungewohnt – schließlich sind wir alle Gewohnheitstiere, und das Anhalten zum Belohnen hat sich bei Pferd und Mensch bereits gut eingeprägt. Verzweifeln Sie also nicht, wenn es anfangs nicht so gut klappt

und Sie ins Stocken geraten. Bleiben Sie unbedingt dran.

Sollte Ihr Pferd beim Laufen anfangen zu betteln und den Kopf zu Ihnen drehen, ignorieren Sie dies und belohnen Sie das Pferd unmittelbar, wenn es seinen Kopf wieder nach vorn dreht.

Auch höfliches Laufen will gelernt sein!

Mit dem Füttern in Bewegung können Sie Ihrem Pferd noch besser verdeutlichen, wie lohnenswert es ist, an Ihrer Seite zu bleiben. Achten Sie dabei ganz besonders darauf, Ihr Pferd nicht zu überfordern. Verlangen Sie ihm nur so viel ab, wie es zu diesem Zeitpunkt bereit ist zu geben.

Wenn Sie die Linie verändern und abbiegen oder auf einer Kreislinie arbeiten möchten, denken Sie daran, dass Ihr Pferd, außen geführt, einen größeren Laufweg hat als Sie. Passen Sie Ihre Geschwindigkeit der des Pferdes an. Ihre Körperhaltung sollte sich an der Kreislinie orientieren. Drehen Sie die dem Pferd zugewandte Schulter etwas nach vorn und nehmen es so mit. Stellen Sie sich vor, Ihr Pferd biegt sich um Sie herum.

Wendungen nach innen, sodass Sie sich außen neben dem Pferd befinden, sollten Sie erst hinnehmen, wenn Ihr Pferd sicher im „Führen" ist, da das Halten der Position sehr anspruchsvoll ist.

Laufen Sie niemals so lange, bis Ihr Pferd die Übung von sich aus abbricht oder einen anderen Weg einschlägt. Und maßregeln Sie Ihr Pferd nicht, falls es einen Fehler macht. Ihr Ansinnen ist es, richtiges Verhalten zu fördern, indem Sie konsequent dafür belohnen.

LAUF MIT MIR, BLEIB BEI MIR – DAS LAUFTEMPO BESTIMMEN

Das Bestimmen des Lauftempos und der Gangart ist ein weiteres Ziel, das Sie mit guter Vorarbeit leicht erreichen können.

Wenn Sie das Laufen über längere Strecken trainieren, regulieren Sie zunächst nicht das Lauftempo des Pferdes, sondern passen sich ihm an. Um Sie zu verstehen, braucht Ihr Pferd zuerst viele Erfolgserlebnisse und Belohnungen für die richtige Position und Reaktion. Wenn Sie die Komfortposition oft genug

belohnt haben, ist sie wie ein „Magnet" für Ihr Pferd. Es wird danach streben, genau in dieser Position zu laufen. Diese Tatsache können Sie sich nun zunutze machen, wenn es um das Lauftempo geht.

Während Sie mit dem Pferd laufen, verringern oder beschleunigen Sie Ihr Lauftempo ein wenig, sodass Ihr Pferd aufholen oder sich zurücknehmen muss, um die Komfortposition zu halten. Ist es wieder in der richtigen Position, markern und belohnen Sie es. Nehmen Sie zunächst nur geringe Tempoabweichungen vor, damit Ihr Pferd die Aufgabe möglichst zu Beginn direkt richtig machen kann.

Berücksichtigen Sie bei dieser Aufgabe auch das Naturell des Pferdes. Ist es eher flott unterwegs, beginnen Sie ruhig mit dem Beschleunigen des Tempos, um ihm entgegenzukommen. Bei eher langsameren Pferden klappt das Verringern des Tempos zunächst besser. Trainieren müssen Sie beides. Das Verringern des Tempos lässt sich gut in Richtung Bande üben. Das Beschleunigen funktioniert zu Beginn einer langen Seite besser, da das Pferd noch etwas Strecke vor sich hat.

IN DIE GÄNGE KOMMEN – WECHSEL DER GANGARTEN

Das Ändern der Gangart trainieren Sie auf die gleiche Weise wie das Verändern des Tempos. Hat Ihr Pferd verstanden, dass es in jedem Tempo bei Ihnen bleiben soll, beschleunigen Sie nun Ihr Tempo etwas mehr. Kennt Ihr Pferd das Antraben mit dem Handtarget, wird es auch hier zügig anfangen zu traben. Falls nicht, vergrößern Sie

Durch Erhöhen des Tempos lässt sich das Pferd zum Antraben animieren.
(Foto: Friederike Scheytt)

Ihre Schrittlänge immer mehr, bis es Ihrem Pferd zu anstrengend wird und es antrabt. Im Idealfall bleiben Sie selbst dabei weiter im „Schritt". Nur wenn es sein muss, traben Sie selbst an. Markern und belohnen Sie auch hier das Antraben Ihres Pferdes.

Die weitere Arbeit unterscheidet sich nicht von der Arbeit im Schritt, weshalb ich hier nicht im Detail darauf eingehe. Sie beginnen mit dem Antraben und erweitern diese Aufgabe dann auf mehrere Schritte. Wenn möglich können Sie auch hier später dazu übergehen, in der Bewegung zu füttern. Fai-

rerweise muss man jedoch sagen, dass dies einiges an guten Manieren verlangt. Bei Pferden, die bei der Futteraufnahme noch nicht so höflich sind oder schnell hektisch werden, ist es vollkommen in Ordnung, wenn Sie nach dem Markersignal anhalten und dann erst belohnen.

RÜCKWÄRTSRICHTEN

Im Grunde genommen hat Ihr Pferd das Rückwärts schon einige Male gezeigt, wenn Sie diesem Leitfaden gefolgt sind. Durch das

Zurückfüttern und das kontinuierliche Bestärken der richtigen Position hat Ihr Pferd die Rückwärtsbewegung bereits zuverlässig gezeigt. Nun gilt es, Ihrem Pferd zu erklären, dass es hierfür ein eigenes Signal gibt.

Rückwärts neben dem Pferd

Stellen Sie sich neben Ihr Pferd und lehnen Sie sich etwas zurück. Heben Sie dabei die dem Pferd zugewandte Hand. Wenn Sie bis hierhin sauber gearbeitet und die vorangegangenen Übungen sorgfältig trainiert haben, wird Ihr Pferd nun zumindest eine Rück-

wärtstendenz zeigen. Zum einen, weil es die Bedeutung der richtigen Position verstanden hat. Zum anderen, weil es Futter erwartet und Ihre Körperhaltung mit dem Zurückfüttern in Verbindung bringt.

Zeigt Ihr Pferd eine Rückwärtstendenz, markern und belohnen Sie. Im Idealfall auch hier wieder in der Komfortposition.

Bewegt sich Ihr Pferd auf das Handzeichen rückwärts, können Sie beginnen, die Anzahl der Schritte zu erhöhen. Behalten Sie das Handsignal bei und bewegen Sie sich mit dem Pferd rückwärts. Die Anforderungen

Das Zurücknehmen des Körpers signalisiert dem Pferd „Rückwärts".
(Foto: Friederike Scheytt)

steigern Sie hier wieder in kleinen Schritten, bis Sie das Rückwärts über eine längere Strecke beibehalten können.

Steht das Rückwärts sicher unter Signalkontrolle, können Sie Ihre Position beim Rückwärtsrichten verändern und Ihrem Pferd auch beibringen, rückwärts auf Sie zuzulaufen. Dazu müssen Sie nur Ihre Position beim Signalgeben nach und nach weiter nach hinten verlagern. Das Pferd sollte jedoch dabei stehen bleiben! Es soll sich wirklich erst auf das Signal hin (Hand heben und leichtes Zurücknehmen der Schultern) bewegen,

nicht vorher. Es ist also ganz wichtig, dass Sie auch das Stehenbleiben und Warten (auf das Signal) positiv bestärken.

Rückwärts vor dem Pferd

Zusätzlich zum Rückwärtsrichten neben Ihnen sollten Sie auch das Rückwärtsrichten aus der Position vor dem Pferd trainieren. Hierzu stellen Sie sich frontal vor das Pferd und – richtig – füttern es rückwärts. Machen Sie dazu eine ausladende, von sich weisende Handbewegung nach vorn und platzieren das Futter so, dass Ihr Pferd sich rückwärts-

Durch Zurückfüttern können Sie Ihrem Pferd ganz ohne Druckstufen beibringen, der Berührung an der Brust rückwärts zu folgen. (Foto: Friederike Scheytt)

bewegen muss. Ihre Hand berührt dabei die Brust des Pferdes. Bewegt Ihr Pferd sich, folgen Markersignal und Belohnung.

Nach wenigen Wiederholungen überprüfen Sie, nun ohne Futter in der Hand, ob Ihr Pferd sich allein auf die entsprechende Handbewegung hin rückwärtsbewegt. Wenn ja, markern und belohnen Sie. Falls nicht, machen Sie zunächst mit dem Zurückfüttern weiter, bis Ihr Pferd die Idee verinnerlicht hat, und probieren Sie es dann erneut.

HANDWECHSEL

Bisher haben Sie das Pferd meist nur von einer Seite, für gewöhnlich der linken, trainiert. Selbstverständlich sollten Sie all diese Übungen auf beiden Händen erarbeiten.

Berücksichtigen Sie, dass die andere Hand vermutlich nicht nur Ihnen schwerfällt, sondern auch Ihrem Pferd. Die meisten Pferde sind rechtsseitig deutlich untrainierter – sowohl was die Gymnastizierung angeht als auch die praktische Routine. Schließlich bewältigt man einen Großteil seines pferdigen Alltags eher linksseitig führend.

Das Erarbeiten der Signale auf der anderen Hand ist genauso wie oben beschrieben durchzuführen. Stellen Sie sich darauf ein, dass es auf dieser Seite noch etwas länger dauern wird; gehen Sie aber genauso sorgfältig vor wie bei der ersten Seite.

Neben dem beidseitigen Trainieren der Lektionen kommt später noch der Handwechsel in Bewegung hinzu. Bis dahin sollten Sie einfach im Halten auf die andere Seite des Pferdes wechseln.

HERANKOMMEN – DER APPELL

Ein wichtiges Werkzeug für die Zusammenarbeit ist der sogenannte Appell, das Herankommen des Pferdes auf ein Signal. Der Appell ist nicht nur praktisch, wenn Sie Ihr Pferd von der Weide holen möchten, sondern auch, wenn Ihr Pferd bei der Freiarbeit mal einen anderen Weg einschlägt und Sie es wieder heranholen möchten.

Wenn Sie bisher noch nicht mit dem Handtarget gearbeitet haben, sollten Sie dies nachholen. Das Handtarget wird nicht nur das Führen verbessern, sondern auch das Erarbeiten des Herankommens vereinfachen. Eine genaue Beschreibung der Vorgehensweise beim Handtarget finden Sie ab Seite 97, im Kapitel „Handtarget – das unsichtbare Band".

Stellen Sie sich etwas seitlich versetzt vor Ihr Pferd und strecken Sie die Hand mit dem Handtarget (Faust) seitlich aus, sodass Ihr Pferd das Handtarget berühren kann. Markern und belohnen Sie dies einige Male und nehmen Sie das Handtarget nach dem Markern stets wieder nach unten, damit Ihr Pferd auch tatsächlich erst mit der Präsentation des Handtargets den Kopf reckt.

Gehen Sie nun einen Schritt zurück und präsentieren Sie dann erneut das Handtarget, sodass das Pferd sich in Bewegung setzen muss, um es zu erreichen. Vergrößern Sie allmählich die Distanz zwischen sich und dem Pferd. Achten Sie darauf, dies nur in dem Maße zu tun, wie Ihr Pferd noch motiviert an das Handtarget herantritt. Grundsätzlich sollte man diese Übung gerade bei eher ruhigen Pferden nicht zu sehr ausreizen, damit sie nicht die Lust daran verlieren.

Herankommen des Pferdes durch Handtarget.
(Foto: Friederike Scheytt)

Viele Pferdebesitzer machen den Fehler, mit Ihren Anforderungen stets an die Grenzen der Freiwilligkeit Ihrer Pferde zu gehen, sodass das Pferd die Erfüllung unserer Wünsche als mühsam empfindet. Langfristig stagniert oder sinkt so die Motivation. Da Ihr Pferd das Handtarget jedoch gern und freudig berühren sollte, fragen Sie dies lieber öfter über kurze Distanzen ab. Wenn Sie diesen Ratschlag beherzigen, müssen Sie das Herankommen über größere Distanzen gar nicht oft gesondert üben – es ergibt sich von selbst, weil das Pferd diese Aufgabe gern erledigt.

Eine weitere Möglichkeit, den Appell zu erarbeiten, ist das Heranholen des Pferdes über das eigene Rückwärtsgehen. Viele Pferde folgen intuitiv, wenn man sich rückwärtsgehend von ihnen entfernt. Selbstverständlich dürfen Sie dieses dann aufgreifen und Ihr Pferd ausgiebig dafür belohnen. So festigt sich als Signal für das Herankommen nach und nach das eigene Rückwärtsgehen.

Empfehlenswert ist es, zusätzlich zum Rückwärtslaufen eine weitere Geste einzuführen oder eine bestimmte Körperhaltung einzunehmen (zum Beispiel Zurücklehnen), damit sich das Signal deutlich vom Stillstehen abhebt und Ihr Pferd Ihnen nicht grundsätzlich hinterherläuft, wenn Sie sich fortbewegen. Auch das separate Üben des „Stillstehens" und das Abfragen beider Lektionen im Wechsel verbessert diese Angewohnheit, die bei der Erarbeitung gern einmal auftritt.

DAS FREIE STEHEN

Eine wichtige Übung, die uns auch im Alltag immer wieder nützlich ist, ist das Stillstehen beziehungsweise das freie Stehen des Pferdes. Egal ob angebunden oder frei, das Pferd soll ruhig am Platz stehen bleiben, bis wir ihm das Signal zum Auflösen geben. Was für uns selbst auch nicht immer leicht ist, ist für das Pferd eine der schwierigsten Lektionen überhaupt. Denn von Natur aus sind Pferde Lauftiere und bewegen sich bei der Futtersuche den ganzen Tag über – abgesehen von den Zeiten, in denen sie ruhen. Und auch dafür hat das Pferd einen Grund – nämlich Energie tanken oder sparen. Auch im Herdenleben kommt das „Fixieren" des Pferdes an einen Punkt nicht vor. Ein dominantes Pferd kann ein anderes zwar in Bewegung bringen, aber nicht dazu abzuwarten. Im Gegenteil, im Normalfall bewegt sich das Pferd unmittelbar nach dem „Platzverweis" weg. Wir müssen dem Pferd daher einen Grund geben, dass es stehen bleibt.

Üblicherweise wird Pferden das Stillstehen erklärt, indem man sie ausdauernd korrigiert oder ermahnt, sobald sie sich bewegen. Verabschieden Sie sich von dieser Vorgehensweise, denn hier ist es genau andersherum:

Bewegt das Pferd sich, überlegen Sie, welchen Fehler Sie gemacht haben. In der Regel haben Sie die Anforderungen zu hoch angesetzt, und das Pferd hat sich mangels Verständnis intuitiv in Bewegung gesetzt. Es sollte lernen, dass sich Stillstehen mehr lohnt als Bewegung. Wenn Sie sorgfältig arbeiten und die Übung sauber und kleinschrittig aufbauen, werden Sie tatsächlich ohne Korrektur auskommen. Beginnen wir also mit dem Training.

Wenn die Übungen „Matte" und „Nullposition" gut funktionieren, haben Sie bereits eine hervorragende Vorbereitung für das Stillstehen.

Mit Hilfsmitteln können Sie Ihrem Pferd die Aufgabe erleichtern. (Foto: Friederike Scheytt)

Machen Sie sich die Matte zunutze und stellen Sie Ihr Pferd darauf ab. Alternativ können Sie auch eine optische Begrenzung aufbauen, zum Beispiel ein Quadrat aus Stangen, in dem Sie das Pferd platzieren.

Stellen Sie sich zunächst neben Ihr Pferd und markern und belohnen Sie einige Male das Abwarten beziehungsweise Stillstehen. Stehen Sie dabei mit dem Blick zum Pferd. Klappt das, entfernen Sie sich rückwärts gerade so weit vom Pferd, dass es sich nicht animiert fühlt loszulaufen. Insbesondere, wenn Sie Ihrem Pferd gerade beigebracht haben, Ihrem Rückwärtsgehen zu folgen, sollten Sie diesen Schritt nicht frontal vor dem Pferd stehend ausführen, sondern sich etwas seitlich positionieren.

Wenn Ihr Pferd trotzdem unbedingt hinter Ihnen herlaufen möchte, beginnen Sie nur mit einer leichten Gewichtsverlagerung oder machen einen kleinen Ausfallschritt nach hinten. Markern Sie im Moment Ihrer Belastung – sofern Ihr Pferd stehen bleibt. Der Futterpunkt, also der Platz, an dem die Belohnung präsentiert wird, bleibt bei dieser Übung auch mit wachsender Entfernung immer da, wo Sie das Pferd „abgestellt" haben. Dies ist sehr wichtig, da das Pferd sich sonst nach dem Markersignal in Richtung Futter bewegen würde. So lernt es, dass es das Futter immer an „Ort und Stelle" bekommt. Sollte Ihr Pferd sich zum Futter bewegen, füttern Sie es zurück an die Stelle, an der Sie gemarkert haben. Bevor Sie die Distanz zum Pferd erhöhen, sollte Ihrem Pferd klar sein, dass es sich nach dem Markersignal nicht zu bewegen braucht, da das Futter zu ihm kommt.

Diese Lernerfahrung ist ebenfalls wichtig, wenn Sie das Markersignal später auf Distanz einsetzen wollen, etwa beim Longieren. Denn es wäre doch sehr unpraktisch, wenn das Pferd nach dem Markern jedes Mal zu Ihnen gelaufen käme und Sie es nach dem Belohnen erst wieder mühsam hinausdirigieren müssten.

Entfernen Sie sich nach und nach immer weiter vom Pferd, jedoch immer nur so weit, dass Ihr Pferd keinen Fehler macht. Verändern Sie später auch Ihre Position zum Pferd und zuletzt die Dauer des Stillstehens.

Wenn Ihr Pferd jetzt sicher still steht, können Sie das Signal für diese Übung einführen. Damit haben wir bis jetzt gewartet, da wir ganz sichergehen möchten, dass das Pferd die Übung auch wirklich verstanden hat und stehen bleibt. Sagen Sie von nun an deutlich „Steh" oder „Bleib", wenn Sie Ihr Pferd auf seinem Platz abstellen. Sagen Sie das Signal nur ein Mal und sprechen Sie auch nicht in ganzen Sätzen. Das Pferd sollte bei der Signalgebung wirklich stehen, damit es nicht zu Fehlverknüpfungen kommt.

Der letzte Schritt in „sicherer Umgebung" ist das Abbauen der Matte beziehungsweise der Begrenzung. Eine Begrenzung können Sie schrittweise abbauen (Stange für Stange, die vordere Stange zuletzt), die Matte hingegen ist mit einem Mal weg. Ihr Pferd sollte das Stillstehen also gut verinnerlicht haben.

Das Stillstehen ohne „Hilfsmittel" ist im Prinzip ebenfalls eine neue Übung für Ihr Pferd, daher sollten Sie die einzelnen Schritte noch einmal antesten. Bleibt Ihr Pferd weiterhin stehen, auch wenn keine Hilfsmittel mehr vorhanden sind? Prima!

Das Stehen sollte auch unter ablenkenden Bedingungen trainiert werden.
(Foto: Friederike Scheytt)

Dann haben Sie sauber gearbeitet! Falls nicht, ist das auch kein Beinbruch. Gehen Sie zurück zur Arbeit mit Hilfsmitteln oder bauen Sie das Stillstehen noch einmal kleinschrittig ohne Hilfsmittel auf, bis es gelingt!

Nun können Sie das Stehen ausbauen, indem Sie weitere Ablenkungen hinzufügen (andere Reiter, andere Orte). Denken Sie aber daran, dass jede Änderung zunächst eine neue Übung darstellt, sodass Sie die Anforderungen gegebenenfalls erst etwas niedriger ansetzen sollten, damit Sie und Ihr Pferd Erfolgserlebnisse haben.

Die Lektion eignet sich übrigens auch hervorragend zur Korrektur von Pferden, die ungern angebunden sind oder im Alltag (zum Beispiel beim Satteln oder Putzen) Schwierigkeiten haben. Nutzen Sie Ihre neu gewonnenen Fähigkeiten und helfen Sie Ihrem Pferd, Sie besser zu verstehen!

DAS SEIL – BEGRENZUNG ERKLÄREN

Bis jetzt haben Sie Ihre Hilfen ohne Seil gegeben. Im Normalfall werden Sie Ihr Pferd außerhalb des Trainingsortes jedoch mit

dabei auch hin und wieder ganz bewusst das Seil beziehungsweise das Halfter ein, indem Sie zum Anführen das Seil leicht auf Zug bringen und dabei die eigentliche Hilfe zum Antreten geben. Auch das Rückwärts können Sie über einen leichten Druck mit dem Halfter auf den Nasenrücken aufbauen, indem Sie den Druck auf den Nasenrücken dem zuvor trainierten, bekannten Signal für das Rückwärtsweichen voranstellen.

Damit Ihr Pferd den „Druck" am Seil auch tatsächlich als Information und nicht als „Druckmittel" versteht, ist es wichtig, dass die Signale ohne Seil bereits zuverlässig funktionieren. Dann erst verknüpfen wir abermals ein bekanntes Signal mit einem neuen Signal (Seil), indem wir das neue Signal dem alten voranstellen. Wenn Ihr Pferd also nicht reagiert, müssen Sie zunächst an seiner Reaktion auf das bereits bekannte Signal arbeiten. Verfallen Sie bitte nicht in alte Muster, indem Sie den Druck erhöhen, am Seil ziehen, schnalzen oder das Pferd anderweitig zu überzeugen versuchen. Nur wenn Sie hier absolut konsequent vorgehen, vermeiden Sie eine ungute Vermischung von positiver und negativer Verstärkung.

DIE HINTERHAND BEWEGEN

Das Bewegen der Hinterhand ist eine weitere Möglichkeit, Ihrem Pferd „Begrenzung" und „Weichen" zu erklären und dies mit einem Erfolgserlebnis zu verbinden. Die Hinterhand bewegen zu können ist im Alltag sehr nützlich (etwa um Ihr Pferd an die Aufstiegshilfe herantreten zu lassen) und eine gute Vorbereitung auf die Seitengänge.

Durch Verknüpfung mit dem bekannten Signal wird dem Pferd die Bedeutung von „Zug" positiv erklärt. (Foto: Friederike Scheytt)

Halfter und Strick bewegen. In der Regel hat Ihr Pferd auch bereits gelernt, dass dies mit einer Beschränkung seiner Freiheit einhergeht – das ist auch in Ordnung so. Trotzdem ist es sinnvoll, die vorangegangenen Übungen noch einmal mit Seil zu wiederholen und Ihrem Pferd so den Begriff „Begrenzung" neu zu erklären und positiv zu besetzen.

Beginnen Sie am Seil mit einfachen Übungen wie Antreten und Anhalten und steigern Sie die Anforderungen langsam. Setzen Sie

Beginnen Sie der Einfachheit halber auf der linken Pferdeseite. Wenn Sie eine Bande oder einen Zaun haben, können Sie Ihr Pferd im 45-Grad-Winkel mit dem Kopf in Richtung Bande beziehungsweise Zaun stellen. Positionieren Sie sich etwas hinter der Gurtlage, nehmen Sie den Strick in die linke Hand und halten Sie ihn so, dass er sanft gespannt ist. Ihr Körper sollte in die Richtung weisen, in die sich die Hinterhand des Pferdes bewegen soll.

Legen Sie die rechte Hand auf die Hinterhand des Pferdes und üben Sie leichten Druck aus. Der Druck sollte statisch anhaltend sein und maximal als „milde störend" empfunden werden. Gerade so, dass eine minimale Reaktion erfolgt und das Pferd sich mit der Hinterhand vom Druck wegbewegt. Bestärken Sie anfangs schon ein „Wegatmen" des Pferdes von der Hand. Durch das angenommene Seil und die Begrenzung durch die Bande wird das Bewegen der Hinterhand wahrscheinlicher, da das Pferd nicht intuitiv vorwärtstritt. Erfolgt keine Reaktion, führen Sie den Pferdekopf mit dem Seil etwas in die

Die Begrenzung durch Bande und Halfter hilft dem Pferd, die richtige Lösung zu finden.
(Foto: Friederike Scheytt)

Auch konventionelle Signale wie das Weichen weg von der Gerte können mit positiver Verstärkung trainiert werden. (Foto: Friederike Scheytt)

Biegung, bis das Pferd sich mit der Hinterhand bewegt. Durch das Hereinführen des Kopfes wird die Bewegung der Hinterhand eingeleitet. Markern und belohnen Sie diese.

Wenn Ihr Pferd verstanden hat, dass es für die Bewegung weg vom Druck belohnt wird, wird es früher oder später einen Schritt anbieten, den Sie dann belohnen können. Verlangen Sie erst weitere Schritte, wenn Ihr Pferd zuverlässig einen Schritt mit der Hinterhand um die Vorhand herumtritt.

Die Anzahl der Schritte können Sie dann auf das gewünschte Maß steigern, bis Ihr Pferd erst eine viertel, dann eine halbe und später sogar eine ganze Drehung schafft.

Beginnen Sie die Hilfe stets mit leichtem Druck an der Hinterhand, damit Ihr Pferd die richtige Verknüpfung vornimmt und nicht erst auf das Annehmen des Seils reagiert. Später können Sie das „Drücken" durch ein Antippen ersetzen, indem Sie nun erst antippen und dann 2 Sekunden später durch Drücken das Verhalten abrufen wie bisher. Das Antippen können Sie nach einiger Zeit auch mit der Gerte ausführen, um so zum Beispiel ein seitliches Übertreten der Hinterhand zu erreichen.

STIMMSIGNALE IN DER BODENARBEIT

Da Pferde hauptsächlich über Körpersprache kommunizieren, nehmen sie Bewegungen und Gesten besonders gut wahr. Zwar können wir die Signalkontrolle für Stimmsignale so perfektionieren, dass die Stimme allein ausreicht, um das Verhalten abzurufen, doch dazu ist viel konsequentes Training notwendig. Außerdem kommt es bei der Arbeit häufig zu einer sogenannten „Überschattung" der Signale. Zwar ertönt das Stimmsignal stets vor der Ausführung des Verhaltens, das Pferd reagiert aber aufgrund seiner Biologie eher auf die Körpersprache, die der Mensch dabei zeigt. Eine „echte" Signalkontrolle wäre im Prinzip nur dann gegeben, wenn das Stimmsignal unabhängig von unserer Anwesenheit, Position oder Körperhaltung das Verhalten abrufen könnte. Denn wir „verhalten" uns auch bei der Nennung des Stimmsignals immer in einer bestimmten Art und Weise. Das ist gar nicht anders möglich, weil wir uns immer in einer bestimmten Position zum Pferd befinden.

Meiner Erfahrung nach ist es deshalb oft deutlich sinnvoller und für beide Seiten „unanstrengender", vorrangig körpersprachliche Signale einzuführen.

Zur Vereinfachung können Sie trotzdem zusätzlich ein Stimmsignal verwenden, denn wir Menschen tun uns leichter, wenn wir „die Dinge beim Namen nennen". Dann müssen Sie jedoch stets das Stimmsignal zusammen mit dem Körpersignal geben. Ob Sie sich dann um eine tatsächliche Signalkontrolle des Stimmsignals bemühen oder ob Sie damit zufrieden sind, wenn Ihr Pferd auf die Mischung „Stimmsignal + Körpersprache" reagiert, bleibt Ihnen überlassen. Ein Vorteil eines zusätzlichen Stimmsignals ist, dass sich die Signale so besser auf die Arbeit aus unterschiedlichen Positionen übertragen lassen – wichtig, wenn Sie die Stimmsignale auch unter dem Sattel anwenden wollen.

Den Alltag bewältigen

Nun haben Sie einiges über das Lernverhalten von Pferden und die Gestaltung des Trainings erfahren. Doch neben dem Training haben Sie und Ihr Pferd natürlich auch noch einen Alltag miteinander zu bewältigen. Machen Sie sich bewusst, dass Ihr Pferd auch außerhalb des regulären Trainings immer aufnahmebereit und lernfähig ist. Bleiben Sie Ihrem Pferd gegenüber authentisch und handeln Sie auch im Alltag so, wie Sie es im Training tun. Viel zu leicht vergisst man seine eigenen Regeln im täglichen Trott. Statt das Pferd höflich zu bitten, herumzutreten, schiebt man es unsanft auf die Seite, wenn man vorbeiwill. Statt zu loben, wenn das Pferd den Huf gut gibt, hält man dies für selbstverständlich – bis das Pferd die Hufe irgendwann nur noch widerwillig hebt und man sich genötigt fühlt zu schimpfen. Dabei hätte rechtzeitiges und regelmäßiges Loben gereicht, um dieses Verhalten stabil abrufbar zu machen. Für das Pferd macht es keinen Unterschied, ob es einen „Trick" lernt oder Grundgehorsam.

ALLER UMSTIEG IST SCHWER – DEN DRUCK LOSWERDEN

Wenn Sie etwas an Ihrem Training ändern und nun positiv trainieren möchten, brauchen Sie vor allem Geduld und Verständnis. Besonders wenn Sie vorher mit Druckstufen oder aus Unwissenheit mit verhältnismäßig viel Druck gearbeitet haben, wird Ihnen der Umstieg einiges abverlangen. Nicht nur für Sie ist ein neues Trainingskonzept schwierig, auch Ihr Pferd wird mit der neu gewonnenen „Redefreiheit" erst umgehen lernen müssen.

Bei manchen Pferden kommt es zunächst zu einer Art „Erstverschlimmerung", wenn man auf einmal aufhört, Druck zu machen und Verhalten einzufordern. Gerade wenn Sie vorher auf den Einsatz von Futterlob verzichtet haben, ist der Reiz und damit auch der Stressfaktor für Ihr Pferd hoch, und es ist möglich, dass sich Ihr vermeintlich höfliches Pferd vorübergehend in ein „gieriges Leckerlimonster" verwandelt, das sich nicht mehr konzentrieren kann. Denn neben der Erkenntnis des Pferdes, dass Futter im Training eine gute Sache ist, wird es auch lernen, dass Sie es nicht weiterhin unter Druck setzen, und auch, dass Sie von Strafmaßnahmen absehen. Ein vorübergehend anarchistisch anmutendes Chaos ist zwar anfangs schwer zu ertragen, weil Sie sich möglicherweise Ihrer Unerfahrenheit

ausgeliefert fühlen, geht aber mit Geduld und konsequentem Training vorbei. Durchhaltevermögen werden Sie jedoch brauchen, denn je nach Pferd und Vorerfahrung kann diese Chaosphase ein wenig dauern. Bleiben Sie trotzdem „am Ball", denn der Lohn ist nicht nur ein gehorsames und motiviertes Pferd, sondern auch eine vertrauensvolle, partnerschaftliche Verbindung miteinander.

Es ist nicht sinnvoll, von heute auf morgen Ihr komplettes Training über den Haufen zu werfen. Das würde auf beiden Seiten zu Verwirrung führen.

Suchen Sie stattdessen gezielt nach Möglichkeiten, wie Sie erwünschtes Verhalten belohnen und damit fördern können. Beginnen Sie damit direkt nach der Einführung des Markersignals. Achten Sie jedoch darauf, dass Sie vor allem Verhaltensweisen belohnen, die Ihr Pferd bereits zuverlässig und gelassen ausführt.

Sinnvoll ist es auch, wenn Sie bei diesen Übungen nicht allzu weit entfernt vom Maul des Pferdes sind, damit die Zeitspanne zwischen Markersignal und Futtergabe möglichst gering ist. Ihr Pferd muss das Prinzip erst verinnerlichen, damit es höflich auf die Futtergabe wartet. Damit verhindern Sie auch, dass das Füttern auf wenige Übungen beschränkt ist und so zusätzlicher Stress aufkommt, weil auch das Pferd diesen Plan schnell durchschaut hat und bereits auf das „Startzeichen" wartet. Damit Ihr Pferd zu Verlässlichkeit und Ruhe findet, muss es lernen, dass das Belohnen von Leistung eine Selbstverständlichkeit und mit einem festgelegten Ablauf verbunden ist.

Suchen Sie im Alltag nach Gelegenheiten, die positive Basis auszubauen.
(Foto: Friederike Scheytt)

WIE SIE DURCH MANAGEMENTMASS-NAHMEN FÜHRUNGSQUALITÄT BEWEISEN

Unabhängig davon, ob Sie Ihr Pferd umstellen möchten oder bereits von Beginn an über positive Verstärkung gearbeitet haben, wird es immer Situationen geben, die Sie noch nicht trainiert haben. Gerade zu Beginn wird man jede Menge Trainingsdefizite entdecken, mit denen man sich vorerst arrangieren muss.

Damit Sie erwünschtes Verhalten belohnen können, sollten Sie überlegen, wie Sie uner-wünschtes Verhalten vermeiden. Dies ist wichtig, damit Sie nicht immer wieder alten Verhaltensmustern erliegen oder in Situationen kommen, in denen Sie Ihr Pferd strafen müssen.

Durch sogenannte Managementmaßnahmen können Sie das Auftreten von uner-wünschtem Verhalten weitgehend verhindern. Wenn Sie wissen, dass Sie Ihr Pferd nicht am langen Strick über eine Wiese mit frischem Gras führen können, ohne dass Sie es durch Druck oder Strafe vom Grasen abhalten müssen, dann tun Sie es nicht. So einfach ist das! Sicherlich erfordert dies im Vorfeld etwas Planung und Voraussicht, aber deshalb nennt man dieses Vorgehen auch Management. Wenn Sie es nicht vermeiden können, über die Wiese zu laufen, überlegen Sie, wie Sie sich und Ihr Pferd mit möglichst wenig aversiven Maßnahmen durch die Situation manövrieren können. Sie können Ihr Pferd statt am langen Strick am Halfter anfassen und so von vornherein verhindern, dass es seinen Kopf zum Grasen senkt, und dann zügig über die Wiese laufen.

Gerade zu Beginn Ihrer „Trainerkarriere" sind Ihre Managerqualitäten gefragt, um unschöne Situationen zu vermeiden. (Foto: Friederike Scheytt)

Wenn Sie wissen, Ihr Pferd wird nicht gelassen neben Ihnen stehen bleiben, während Sie sich mit jemandem unterhalten, sondern Sie stattdessen bedrängen oder quengeln, halten Sie es mit einer Hand im Halfter auf Abstand oder, noch besser, geben Sie Ihrem Pferd eine Pause und verlassen Sie den Trainingsbereich. Machen Sie es Ihrem Pferd leicht, dass Richtige zu tun.

Diese Vorgehensweise erfordert ein realistisches Einschätzungsvermögen. Etwas nicht zu können ist keine Schande; auch Trainingslücken aufgrund mangelnder Zeit darf man sich mit geeigneten Managementmaßnahmen erlauben. Wem dies aus verständlichen Gründen nicht reicht, der kommt nicht darum herum, diese Dinge nach und nach zu trainieren.

DEFIZITE AUFARBEITEN – EINE TRAININGSSKIZZE MACHEN

Bestehende Defizite in der Ausbildung sollten Sie von Grund auf aufarbeiten. Wenn Sie also feststellen, dass ein Verhalten nur mit Druck abrufbar ist oder in der Praxis einfach nicht „funktioniert", versuchen Sie nicht, „auf Biegen und Brechen" das Verhalten zu korrigieren, sondern beginnen Sie lieber noch einmal von vorn, um Trainingsdefizite aufzudecken und langfristig abzustellen.

Überlegen Sie, welches Verhalten Sie trainieren möchten und was dazu notwendig ist. Verhalten, das zunächst ganz simpel aussieht, ist häufig in Wirklichkeit sehr viel komplexer. Um Verhalten mit positiver Verstärkung zu trainieren, zerlegen Sie es (wie bereits ab Seite 64 im Kapitel „Verhalten erarbeiten" dargestellt) in kleinste Einzelteile. Für jeden dieser Schritte nehmen Sie sich so viel Zeit wie nötig. Nicht selten ist ausbleibender Lernerfolg einer viel zu „grobschrittigen" Planung geschuldet. Erinnern Sie sich dabei stets daran, dass nicht Sie entscheiden, welcher dieser Schritte besonders schwierig ist, sondern Ihr Pferd.

Überlegen Sie genau, welche Aufgaben Sie noch trainieren müssen, damit der tägliche Umgang harmonisch wird. Es geht nicht nur darum, Lektionen zu verbessern, sondern Ihrem Pferd nachhaltig zu vermitteln, dass es sich lohnt, Zeit mit Ihnen zu verbringen. Gutes Benehmen ist nicht selbstverständlich, sondern Folge von gutem Training. Das bedeutet im Umkehrschluss: Verlangen Sie nichts von Ihrem Pferd, was Sie nicht auch tatsächlich trainiert haben.

Verladen als Beispiel für kleinschrittiges Training

Ein wunderbares Beispiel für ein einfach aussehendes, aber sehr komplexes Verhalten ist das Einsteigen in den Hänger, das ich Ihnen hier einmal näher erläutern möchte, damit Sie ein Bild von einer solchen Trainingsskizze und ihrer Ausführlichkeit bekommen. Und hier sprechen wir wirklich nur vom Einsteigen und noch nicht vom Stehen im Hänger oder gar vom Fahren.

Überlegen Sie zunächst, welche Voraussetzungen Ihr Pferd für das Einsteigen mitbringen muss, und schreiben Sie diese auf. Schreiben Sie auch die Schritte auf, die Sie als selbstverständlich erachten. Beginnen Sie jede Aufgabe mit der Frage „Kannst du …?" an Ihr Pferd und gehen Sie erst zum nächsten Punkt, wenn die Antwort „Ja" ist.

Aufgaben am Boden, ohne Hänger

Kannst du …
- antreten, wenn ich dich darum bitte?
- stehen bleiben?
- rückwärtsgehen?
- einen Huf auf einen ungewohnten Untergrund stellen?
- beide Hufe auf einen ungewohnten Untergrund stellen?
- alle Hufe auf einen ungewohnten Untergrund stellen?
- über einen ungewohnten Untergrund laufen?
- an beliebiger Position darauf stehen bleiben?
- vorwärts und rückwärts über ungewohnten Untergrund laufen?
- mit der Brust an eine Stange herantreten?
- stehen bleiben, wenn jemand sich von hinten nähert?
- ruhig stehen, wenn etwas die Hinterhand berührt?
- ruhig stehen, wenn jemand mit einer Stange hinter dir hantiert und Geräusche macht?
- all diese Aufgaben auch angebunden gut bewältigen?
- antreten, wenn jemand mit der Stange von hinten schiebt?
- Geräusche mit steigender Intensität hinter deinem Rücken tolerieren?

Seien Sie ehrlich, hätten Sie gedacht, dass es so einer kleinschrittigen Vorarbeit bedarf? Und es geht weiter, denn bis jetzt haben wir den Hänger noch nicht ins Spiel gebracht. Dies sind die nächsten Schritte, die Sie mit Ihrem Pferd am Hänger bewältigen müssen.

Aufgaben am Hänger

Kannst du ...
· den Hänger anschauen?
· dich an den Hänger annähern?
· am Hänger ruhig stehen?
· ruhig stehen, wenn jemand die Klappe auf- und zumacht?
· ruhig stehen, wenn jemand die Vordertür auf- und zumacht?
· ruhig stehen, wenn jemand gegen die Hängerwand klopft (steigende Intensität)?
· ruhig stehen, wenn die Stange eingehängt oder bewegt wird?

Aufgaben auf der Rampe

Erst wenn Ihr Pferd keinerlei Probleme mehr am Hänger hat, beginnen Sie damit, das Training auf der Rampe fortzusetzen. Kannst du ...
· gerade vor der Rampe stehen?
· vor der Rampe vor- und zurückgehen?
· das Gewicht in Richtung der Rampe verlagern?
· einen Huf auf die Rampe setzen?
· 2 Hufe auf die Rampe setzen?
· mit 2 Hufen auf der Rampe ruhig stehen?
· ein Stück die Rampe hochgehen?
· alle 4 Hufe auf die Rampe stellen?
· auf der Rampe beliebig vor- und zurückgehen?
· auf der Rampe stehen bleiben?
· stehen bleiben, wenn jemand sich von hinten annähert?
· ruhig stehen, wenn etwas die Hinterhand berührt?
· ruhig stehen, wenn jemand mit einer Stange hinter dir hantiert und Geräusche macht?
· Geräusche hinter dem Rücken tolerieren (steigende Intensität)?
· ruhig stehen, wenn jemand die Vordertür auf- und zumacht?
· ruhig stehen, wenn jemand gegen die Hängerwand klopft (steigende Intensität)?

In den Hänger einsteigen

Erst jetzt, nachdem Sie sichergestellt haben, dass Ihr Pferd mit keiner der vorangegangenen Aufgaben ein Problem hat, beginnen Sie tatsächlich, das Einsteigen zu üben.

Kannst du …

· den Kopf in den Hänger stecken?
· einen Vorderhuf in den Hänger setzen?
· beide Vorderhufe in den Hänger setzen?
· schrittweise vorwärtsgehen (dieser Schritt kann möglicherweise länger dauern)?
· schrittweise wieder rückwärtsgehen?
· alle Hufe in den Hänger setzen?
· mit der Brust bis an die Stange treten?
· ruhig im Hänger stehen bleiben?
· beliebig zurück auf die Rampe und wieder vor in den Hänger gehen?
· bei all diesen Schritten jederzeit ruhig stehen bleiben?

Um das Verladen zu üben, eignet sich das gleiche Prinzip von Vorwärts- und Zurückfüttern wie beim Mattentraining. (Foto: Friederike Scheytt)

Verladen sieht einfach aus, ist jedoch eine komplexe Verknüpfung verschiedener Verhaltensweisen. (Foto: Friederike Scheytt)

Die oben genannten Aufgaben auf der Rampe und beim Einsteigen sollten je nach Beschaffenheit des Anhängers zunächst ohne Mittelwand und bei schwierigen Fällen auch ohne Bruststange (dann aber bei geschlossener Vordertür) geübt werden. Als Nächstes wird die Wand schräg gestellt, und zu guter Letzt bleibt die Mittelwand an Ort und Stelle.

Bis das Pferd gelassen im Hänger steht und auch das Fahren akzeptiert, bedarf es noch ein wenig mehr Arbeit. Alle oben aufgeführten Einzelschritte sollten Sie auch im Hänger stehend erarbeiten – bis sie mit eingehängter Stange, geschlossener Hängerklappe, geschlossener Vordertür und geschlossenem Planenrollo klappen. Zuletzt üben Sie das Fahren; zunächst in kurzen Etappen.

Hätten Sie gedacht, dass ein einfaches In-den-Hänger-Steigen so ein komplexes Verhalten ist? Ich vermute nicht. Aber ich bin sicher, dass Ihnen diese Liste ein viel besseres Gefühl gibt, gerade wenn Sie mit dem Verladen bisher Schwierigkeiten hatten. Denn all die kleinen Einzelschritte sind für sich genommen so unaufwendig, dass Sie auf jeden Fall zu bewältigen sind – von

Ihnen beiden! Dabei könnte man noch weitaus mehr Schritte einbauen. Wenn das Pferd ins Stocken gerät oder keine Idee hat, überlegen Sie, welchen Zwischenschritt Sie noch einbauen könnten, damit Ihr Pferd versteht und „Ja" sagt.

Machen Sie sich bewusst, dass jedes neu zu erlernende Verhalten für Ihr Pferd wie das Einsteigen in den Anhänger ist: eine Zusammensetzung aus vielen kleinen Einzelschritten, die Sie sorgfältig nacheinander abarbeiten müssen, bis das Pferd am Ende das gewünschte Zielverhalten zeigt.

WENN ES MAL NICHT SO GUT LÄUFT

Meist läuft bei der Erarbeitung von Verhalten nicht immer alles glatt. Normalerweise ist es ausreichend, wenn Sie unerwünschtes Verhalten ignorieren und erwünschtes bestärken. Es kann jedoch sein, dass sich ein fehlerhaftes Verhalten bereits so fest eingeprägt hat, dass es immer und immer wieder gezeigt wird. Ihr Pferd macht also immer wieder den gleichen „Fehler" und bietet Ihnen keine Alternative dazu an. Überlegen Sie auch in diesem Fall, wie Sie noch kleinschrittiger vorgehen können, und analysieren Sie genau, wann der Fehler auftritt. Ihr nächster Schritt muss so klein sein, dass es gar nicht erst zu unerwünschtem Verhalten kommt. Erinnern Sie sich noch an die Arbeit mit der Matte? Wenn Ihr Pferd ungefragt jedes Mal auf die Matte läuft, gehen Sie so weit zurück, dass Sie Ihr Pferd belohnen können, weil es einfach nur stehen bleibt, und nähern Sie sich dann langsam, Schritt für Schritt, der Matte an. Es gibt immer einen kleineren Schritt!

Wenn Sie sich bei einer bestimmten Lektion einmal vollkommen „verzettelt" haben, können Sie das Training daran für diesen Tag auch erst mal „zur Seite" schieben oder es nach einer ausgiebigen Pause erneut versuchen. Es gibt keinen Grund, auf die Erfüllung der Aufgabe zu bestehen, denn Ihr Pferd verbindet mit seinem Fehlverhalten keine „Lernerfahrung", schließlich hat es sich nicht gelohnt.

UNGEHORSAM DES PFERDES – LEBEN OHNE „MACH ES TROTZDEM!"

Einen Ungehorsam des Pferdes, so wie man es aus dem konventionellen Training kennt, gibt es im positiven Training nicht. Wenn Ihr Pferd ein Verhalten „verweigert", suchen Sie stets den Grund dafür.

Bei der Arbeit mit positiver Verstärkung gibt es in der Regel nur 3 Gründe, warum ein Pferd ein Verhalten nicht ausführt:
• Körperliche Einschränkungen: Das Pferd hat Schmerzen oder ist körperlich nicht in der Lage, das Verhalten zu zeigen.
• Das Pferd hat die Aufgabe nicht verstanden.
• Die Motivation reicht nicht aus.
Wenn Ihr Pferd also nicht wie gewünscht reagiert, überlegen Sie, welcher der Gründe zutreffen könnte.

Häufig sind körperliche Einschränkungen ein Grund, warum ein Pferd das gewünschte Verhalten nicht ausführt. Dazu gehören sowohl Schmerzen, aber auch mangelnde körperliche Voraussetzungen. Möglicherweise ist das Pferd noch nicht ausreichend gymnastiziert oder verfügt nicht über genügend Kraft.

Positive Verstärkung lässt Pferd und Mensch über sich hinauswachsen. (Foto: Nadine Golomb)

An körperlicher Kraft und Geschmeidigkeit kann man arbeiten. Die positive Arbeitseinstellung des Pferdes, die diesem Training zugrunde liegt, macht im Lauf der Zeit häufig sogar Dinge möglich, an die man zu Beginn der Ausbildung gar nicht zu denken wagte. Als ich vor 15 Jahren anfing, mit meinem Kaltblut über positive Verstärkung zu trainieren, hätte ich mir auch nicht träumen lassen, dass Tarek einmal fliegende Wechsel springt oder wir an so schwierigen Lektionen wie der Laufcourbette arbeiten würden. Und obwohl mein Pferd all diese Lektionen zumindest im Ansatz verstanden hat, sind ihm körperliche Grenzen gesetzt, die man nur mit viel Zeit, sorgfältigem Training und Verständnis für die Bedürfnisse des Pferdes langsam verschieben kann.

Wenn Sie körperliche Ursachen ausschließen können, hat Ihr Pferd Sie möglicherweise nicht verstanden. Wie oft haben Sie das Verhalten bereits trainiert? Wie gut hat es bisher funktioniert? Sind die Voraussetzungen die gleichen wie bisher? Ist die Ablenkung möglicherweise momentan größer als sonst? Hat Ihr Pferd Stress und kann deswegen gerade gar nicht denken oder nimmt Ihre Signale nicht wahr? All dies sind Fragen, die es zu stellen und zu beantworten gilt. Bereits einer dieser Faktoren kann dazu führen, dass die Ausführung stagniert.

Wenn Sie sich nicht sicher sind, ob Ihr Pferd Sie verstanden hat, suchen Sie nach einer anderen Möglichkeit, ihm Ihre Wünsche zu erklären. Machen Sie noch kleinere Lernschritte und suchen Sie nach dem „kleinsten gemeinsamen Nenner", auf dem Sie das Verhalten weiter aufbauen können (siehe vorheriges Kapitel).

Vielleicht fällt es ihm aufgrund seines Exterieurs so schwer, dass es ihm für den Moment unmöglich scheint, das Gewünschte zu tun. So kann ein „simples" Rückwärtsrichten für manche Pferde schon eine ziemliche Herausforderung sein.

Im Fall von Schmerzen müssen Sie selbstverständlich die Ursache beheben. Betreiben Sie gemeinsam mit einem Physiotherapeuten, einem Osteopathen oder einem Tierarzt Ursachenforschung.

Wenn Sie der Meinung sind, dass das Pferd körperlich fit ist und die Aufgabe durchaus verstanden hat, bleibt noch die dritte Möglichkeit für die Nichtausführung: Ihrem Pferd mangelt es an Motivation.

Vielleicht sind Sie an einem Punkt in der Ausbildung zu schnell vorangegangen und haben die Futterbelohnung zu früh durch alternatives Lob ersetzt. Vielleicht empfindet Ihr Pferd das Lob nicht seiner Leistung entsprechend angemessen. Vielleicht haben Sie auch zu lange oder zu oft am „Leistungslimit" des Pferdes gearbeitet und das Pferd hat das Training dadurch als sehr anstrengend wahrgenommen. Gerade unmotivierte, undynamische Pferde sollten so lange am unteren Leistungsniveau trainiert werden – sowohl geistig als auch körperlich –, bis ihnen die Mitarbeit leicht und sinnvoll erscheint und sie von sich aus mehr Energie aufwenden.

Manche Verhaltensweisen sind für das Pferd so aufwendig, dass ein Ausschleichen der Futterbelohnung wenig sinnvoll ist und sich das Verhalten dadurch verschlechtert. Die Kosten-Nutzen-Rechnung des Pferdes sollte immer aufgehen. Schließlich möchten auch Sie für Ihre Arbeit entsprechend entlohnt werden – oder zumindest einen Sinn darin erkennen.

Wenn Ihrem Pferd das Verhalten tendenziell eher leichtfällt, haben Sie möglicherweise auch zu viel oder zu lange mit Futter belohnt, sodass die Belohnung zur Gewohnheit wurde und keinen Ansporn mehr darstellt. Belohnen Sie in einem solchen Fall nur dann, wenn das Pferd die Leistung in gewohnter Qualität zeigt. Möglicherweise müssen Sie

Nur ein motiviertes Pferd ist leistungsbereit.
(Foto: Nadine Golomb)

hierfür jedoch zunächst ein paar Schritte zurückgehen und das Verhalten erneut aufbauen.

Manchmal liegt es schlicht an der Tagesform. Schließlich sind wir auch nicht jeden Tag gleich gut drauf. Ein Pferd hat immer auch eine eigene Geschichte; manchmal ist es eine Geschichte vor uns, vor allem aber ist es eine Geschichte ohne uns. Zweifellos sind wir Teil des Pferdelebens, doch den größten Teil davon durchlebt das Pferd ohne uns. Wir wissen nicht, was vor unserer Zeit passiert ist oder was sich während unserer Abwesenheit tut.

Sicher gibt es Dinge, die so ein Pferdekopf verarbeiten muss und bei denen wir nicht immer helfen können. Möglicherweise ist tatsächlich etwas passiert, was ungute Erinnerungen hervorgerufen hat. Vielleicht hat das Tier Stress innerhalb der Herde gehabt. Es gibt viele Möglichkeiten, die wir nur erahnen können. Was ich damit sagen möchte: Wir sind nicht für alles verantwortlich, was das Pferd tut! Aber wir können im Training Verantwortung übernehmen und Verständnis für das Pferd aufbringen.

Befreien Sie sich von dem Gedanken, Sie müssten das Verhalten in jedem Fall noch einmal korrekt abrufen, damit das Pferd nicht lernt, dass es damit durchkommt. Das mag im konventionellen Pferdetraining zutreffen, da sich das Pferd hier dem Druck widersetzt. Im positiven Pferdetraining liegen die Dinge anders. Führt das Pferd das Verhalten nicht oder nicht wie gewünscht aus, ist es legitim, an dieser Stelle aufzuhören und das Training auf den nächsten Tag zu verlegen. Die einzige Lernerfahrung, die Ihr Pferd damit verbindet, ist, dass es sich nicht gelohnt hat. Schließlich hat es für seine mangelnde Ausführung keine Belohnung erhalten.

Statt sich den Kopf zu zerbrechen und einen Machtkampf auszufechten, sorgen Sie das nächste Mal für gute Trainingsbedingungen und versuchen es erneut. Reagiert Ihr Pferd dann immer noch nicht wie gewünscht, sollten Sie das Verhalten ohnehin von vorn aufbauen und dabei sorgfältig überprüfen, wo die Fehlerquelle liegt.

UMGANG MIT PROBLEMVERHALTEN

Solange das Verhalten Ihres Pferdes für Sie ungefährlich ist, fällt das Ignorieren leicht. Das ändert sich jedoch, wenn wir uns bedroht fühlen, weil das Pferd uns gegenüber Aggression zeigt. Zwar habe ich über den Sinn und Unsinn von Strafe bereits im Kapitel „Operante Konditionierung" geschrieben (ab Seite 26), dennoch möchte ich hier noch einmal explizit auf den Umgang mit sogenanntem „Problemverhalten" eingehen. Dazu gehören Beißen, Treten oder anderweitig aggressives Verhalten gegenüber dem Menschen. Dabei ist es unerheblich, ob dieses Verhalten nur gelegentlich auftritt oder sich bereits als „Kommunikationsmittel" Ihres Pferdes etabliert hat.

Auch wenn dieser Spruch schon sehr „abgegriffen" ist: Kein Pferd zeigt ohne Grund ein solches Verhalten. In den meisten Fällen handelt es sich dabei um eine Übersprunghandlung oder Abwehrreaktion des Pferdes durch vorangegangene Trainingsfehler. Insbesondere bei der Arbeit über Druck werden Anzeichen von Stress beim Pferd häufig nicht wahrgenommen oder bewusst übergangen. Lehnt sich das Pferd gegen den Druck auf, statt ihm zu weichen, setzt der Mensch häufig noch mehr Druck ein. Manche Pferde reagieren hier mit einem „Nein!" und tun dies durch körperliche Maßnahmen wie Beißen kund. Im ersten Reflex wird man ein solches Verhalten mit körperlicher Strafe sanktionieren wollen. Das ist verständlich, führt jedoch meist zu noch mehr Stress beim Pferd. Eine Zeit lang wird es sich aus Angst vor der Strafe das Beißen verkneifen, wenn jedoch die Ursache für

„Happy" hat mit Menschen schlechte Erfahrungen gemacht, und mein zu forsches Vorgehen zeigt mir die Grenzen unserer Zusammenarbeit auf. (Foto: Nadine Golomb)

dieses Fehlverhalten bestehen bleibt (Sie also an Ihrem Training nichts ändern), wird es früher oder später erneut beißen. Strafe suggeriert also letztlich nur dem Strafenden, dass er das Problem im Griff hat. Nicht selten endet ein solches Vorgehen in einem Wettrüsten zwischen Pferd und Mensch: Der Mensch ist ständig auf der Hut, das Pferd findet andere Wege, sich zu wehren, und wird in seinem Verhalten noch massiver.

Doch auch ohne Druck kann es dazu kommen, dass das Pferd „Nein!" zu etwas sagt. Insbesondere unter Stress kann es passieren, dass sich der Unmut in Schnappen oder Drohen äußert. Im Gegensatz zur Arbeit über Druck richtet sich diese Aggression jedoch selten direkt gegen den Menschen.

Was also tun bei aggressivem Verhalten? Dass Sie in einem solchen Fall intuitiv reagieren und „zurückschlagen" möchten, kann ich nachvollziehen. Auch ich habe einen gesunden Selbsterhaltungstrieb und meine Reflexe nicht immer hundertprozentig unter Kontrolle, wenn ich unvorbereitet bin. Unter Stress reagieren auch wir Menschen nicht immer rational, sondern handeln instinktiv.

Ich nehme mich zurück und beobachte, was „Happy" mir anbietet. Vertrauensvoll wälzt sie sich, bleibt danach noch einen Moment liegen und lässt mich teilhaben. (Foto: Nadine Golomb)

Wenn Ihnen also die „Hand ausrutscht", geißeln Sie sich nicht selbst, sondern überlegen Sie, was passiert ist und wie Sie diese Situation zukünftig vermeiden können. Denn letztlich wird nicht die erfolgte Strafe das Verhalten Ihres Pferdes ändern, sondern nur die Änderung des Trainings. Wenn ich aufhöre mit dem, was ich tue, stellt auch das Pferd seine Abwehrreaktion ein.

Ich kann mir vorstellen, wie „weltfremd" es jetzt für Sie klingen mag, wenn ich Ihnen sage, dass ich selbst im Training und bei der Korrektur von „Problempferden" auf den bewussten Einsatz von Strafe verzichte. Doch wenn es darum geht, das Vertrauen des Pferdes zurückzugewinnen, ist Strafe eben ein sehr fragwürdiges Mittel, um Grenzen abzustecken. In den meisten Fällen ist man bei solchen Pferden darauf vorbereitet und wägt genau ab, wann es zu brenzligen Situationen kommen kann. Diese gilt es zunächst zu vermeiden, denn ich möchte weder gebissen noch getreten oder überrannt werden, wenn ich mit einem Pferd trainiere. Kommt es doch mal zu einer Attacke, reicht es häufig, das Verhalten in spontaner Selbstverteidigung „abzublocken", statt aktiv noch einmal „nachzusetzen". Auch das Beenden des Trainings durch ein „Time-out" kann eine kurzfristige Maßnahme sein, insbesondere wenn das Pferd bereits positiv trainiert wird. Es gilt also, die Situation zu deeskalieren und damit auch bewusst zu verlassen, damit Sie überlegen können, was schiefgelaufen ist und was Sie ändern sollten.

Auch bei der „Korrektur" von Problemverhalten geht es nicht darum, dieses abzustellen, indem wir es mittels Strafe unterdrücken, sondern das Training zu ändern, sodass das Pferd keinen Grund mehr hat, sich „Luft machen" zu müssen. Es ist ein Trugschluss, zu glauben, man könnte mit Strafe verhindern, dass ein Pferd jemals wieder Fehlverhalten an den Tag legt. Hingegen können die Abwesenheit von Druck und der Wunsch des Pferdes, alles richtig zu machen, sehr wohl verhindern, dass es Sie durch massive Abwehr auf Ihre Fehler aufmerksam macht.

Nicht selten bewirkt schon der Wechsel zum positiven Training, dass das Pferd sein Verhalten und seine Einstellung dem Menschen gegenüber ändert und das Fehlverhalten nicht mehr zeigt.

Wir sind alle nicht perfekt! Und im Training wird es immer „unperfekte" Momente geben. Momente, in denen wir uns überfordert fühlen oder falsch reagieren, obwohl wir es eigentlich besser wissen. Wichtig ist, was nach einer Eskalation passiert und wie man damit umgeht. Nehmen Sie es sachlich, sportlich und vor allen Dingen nicht persönlich, sondern passen Sie Ihre Vorgehensweise an. Auch Pferde dürfen eine Stimme haben!

UND WAS IST MIT REITEN?

Ich bin sicher, die Frage hat einige von Ihnen bereits brennend interessiert. Lässt sich die Arbeit mit positiver Verstärkung mit dem Reiten vereinbaren? Ein ganz klares „Ja, auch das geht!". Allerdings ist das Reiten eine sehr komplexe Abfolge von Verhalten und setzt dementsprechend viel Zeit, gute Vorbereitung und Trainerfähigkeiten (Ihre eigenen) voraus. Überlegen Sie, wie viele Signale Ihr Pferd kennen muss, nur damit Sie sich in allen 3 Gangarten in der Reitbahn bewegen können. Mit „Schritt, Trab, Galopp" ist es dabei nicht getan. Zu jeder Gangart kommt noch das Regulieren und Steigern des Tempos und das Durchparieren, das Wenden in alle Richtungen, das Annehmen von Begrenzung und so weiter … Erinnern Sie sich an das Verladebeispiel. Das Einsteigen in den Hänger sieht einfach aus, doch es erfordert vom Pferd vielfältige Kompetenzen.

Reiten ist zudem ohne „körperlichen Druck" nur schwer möglich. Auch das Anlegen des Schenkels stellt eine Art Druck dar. Durch gezielten Aufbau vom Boden ist es jedoch möglich, dass Ihr Pferd diesen Druck als „Signal" versteht und befolgt, weil es dafür belohnt wird und nicht, weil es eine Androhung von mehr Druck ist. Dieses Vorgehen erfordert sehr viel Kontrolle über den eigenen Körper, was nicht jedem von Beginn an gegeben ist. Gerade wenn Sie schon lange Zeit reiten, kann es dauern, seine Gewohnheiten zu ändern.

Sein Pferd über positive Verstärkung zu einem Reitpferd auszubilden ist sicherlich einfacher, wenn das Pferd noch keine Reiterfahrung hat. Ein konventionell gerittenes Pferd

„umzuschulen" erfordert hingegen sehr viel „Zurückstecken" seitens des Reiters. Denn wenn Sie aufhören, Druck zu machen, wird das Pferd in vielen Fällen seine Mitarbeit zunächst einstellen – kein Druck, kein Verhalten. In diesem Fall geht der Weg nach vorn erst einmal einige Schritte zurück, um die einzelnen Verhaltensweisen am Boden und später im Sattel aufzuarbeiten.

Zusätzlich zum Verständnis der einzelnen Lektionen kommt beim Reiten verstärkt die körperliche Komponente hinzu. Das Gerittenwerden kann für das Pferd manchmal sehr anstrengend sein, vor allem wenn es nicht nur darum geht, sich in allen Gangarten fortzubewegen, sondern gymnastizierend zu arbeiten. Dabei kommen viele Pferde schnell an ihre Grenzen und sagen erst einmal „Nein". Über positive Verstärkung gilt es, das Pferd körperlich so vorzubereiten, dass es ihm leichtfällt, die Anforderungen zu erfüllen. Bis dahin kann aber einige Zeit ins Land gehen.

Bei der konventionellen Reiterei wird man über diese Grenze hinwegtrainieren oder sie gar nicht wahrnehmen, weil das Pferd gelernt hat, dass es den Kommandos Folge zu leisten

Pferde müssen nicht geritten werden! Möchten wir dennoch reiten, sollten wir auch hier den respektvollen Umgang wahren. (Foto: Nadine Golomb)

Reiten und Futterbelohnung schließen sich nicht aus, sondern sind eine gute Kombination für mehr Motivation im Training. (Foto: Friederike Scheytt)

hat, auch wenn es dazu körperlich noch nicht in der Verfassung ist. Muskelkraft und Geschmeidigkeit stellen sich dann nach und nach ein, sodass die Freude an der Bewegung durchaus zu einem späteren Zeitpunkt, wenn man auch weniger Druck braucht, zurückkehren kann.

Wenn Sie das Reiten nicht vorübergehend einschränken möchten, gibt es sicherlich eine Menge von Maßnahmen, die Sie zur Verbesserung vornehmen können. Befolgen Sie die gleichen Regeln, die auch bei der Arbeit mit positiver Verstärkung gelten. Loben Sie

erwünschtes Verhalten, überlegen Sie, wie Sie Lektionen sinnvoll aufbauen können (zum Beispiel vom Boden aus), und lernen Sie, den vermeintlichen Unwillen des Pferdes neu zu interpretieren, statt diesen mit Druckmitteln zu übergehen.

FREIWILLIG – DARF'S NOCH EIN WENIG MEHR SEIN?

Die Trainingsmethode über positive Verstärkung ist sicherlich eine sehr wissenschaftliche Herangehensweise an das Pferd. Sie beinhaltet die Vorstellung, dass jegliches Verhalten im Umgang mit dem Pferd auf Konditionierung und somit Training beruht. Operante Konditionierung passiert auch dann, wenn wir uns ohne Trainingsgrund mit dem Pferd bewegen. Freies, unkonditioniertes Verhalten zeigt das Pferd im Umgang mit dem Menschen selten. Das ist sicherlich keine besonders romantische Vorstellung vom Umgang mit dem Pferd. Dennoch haben Sie mit dieser Trainingsmethode die Möglichkeit, Ihr Pferd nicht nur Ihren Bedürfnissen, sondern vor allem auch seinen Bedürfnissen entsprechend zu trainieren. Das Training macht Spaß, gibt Ihnen und Ihrem Pferd ein gutes Gefühl und sorgt für eine tiefe Vertrautheit.

Die Frage, ob das Pferd bei all dem freiwillig mitmacht, ist eng an die Frage gekoppelt, ob in unserer Gesellschaft und dem Raum, in dem wir uns mit den Pferden bewegen, überhaupt echte Freiwilligkeit möglich ist. Schließlich tragen wir für uns, das Pferd und unsere Umwelt eine Verantwortung. Deshalb kann ein gänzlich unbestimmtes und damit freiwilliges Verhalten und Handeln des Pferdes eben immer auch nur in einem bestimmten Rahmen stattfinden. Sobald wir uns außerhalb dieses Rahmens bewegen, muss das Pferd lernen, sich auf eine bestimmte Art und Weise zu verhalten – und dies üben wir am besten,

indem wir seine Motivation dazu stärken, und nicht, indem wir es unter Druck setzen.

Nicht zuletzt sollte man sich fragen, wo die Talente des eigenen Pferdes liegen und ob das Pferd zu allem Lust haben muss, nur weil wir es gut finden. Sicherlich kann man mit positiver Verstärkung nahezu jedes Verhalten trainieren, indem man noch kleinere Teilschritte macht, noch hochwertigere Verstärker findet oder das Training weiter optimiert. Im positiven Training sollte es aber vor allem darum gehen, Verhalten auf Basis einer guten Beziehung zwischen Pferd und Mensch zu trainieren, und nicht vorrangig darum, um jeden Preis ein bestimmtes Verhalten zu erzielen. Wer so trainiert, riskiert, dass das Pferd emotional auf der Strecke bleibt. Mit dem „Werkzeug" positive Verstärkung haben wir auch eine moralische und ethische Verantwortung. Nicht jedes Pferd muss alles können, und nur weil es theoretisch alles lernen kann, heißt dies nicht, dass wir alles trainieren sollten!

Fernab von der Frage, ob die Zusammenarbeit seitens des Pferdes nun freiwillig oder fremdbestimmt ist und wie jeder von uns „Freiwilligkeit" definiert, steht über allem, was wir tun, die Freude! Unabhängig von jeglicher Definition sollte unser Handeln stets von beiderseitiger Freude am gemeinsamen Tun, von Achtung und Respekt begleitet sein!

Durch positive Verstärkung zu einem respektvollen, freudigen Miteinander.
(Foto: Nadine Golomb)

(Foto: Nadine Golomb)

Danksagung

Vielen Dank an alle, die mich bisher auf meinem Weg unterstützt und mir durch ihr Wissen, ihre Erfahrung und ihre Inspiration auch bei diesem Buch sehr geholfen haben. Vielen Dank an mein Pferd Tarek und all meine Schülerpferde, die gleichzeitig meine wichtigsten Lehrer waren und sind.

Vielen Dank an Heike Uthmann, die mich im fachlichen Austausch und bei der Optimierung des Manuskripts unterstützt hat. Vielen Dank auch an Christine Dosdall, Stine Küster, Alexandra Schreiber, Sabine van Waasen und all die anderen lieben Freunde, Schüler und Kollegen, die mit ihren Ideen und Denkanstößen ihren Teil zum Buch beigetragen haben.

Vielen Dank an meine Models Eva und Irene Roemaat mit „Shilas", „Flip" und „Happy", Yvonne Schürmann mit „Karlchen", Corinna Häusler mit „Cremissimo", Franziska Toffolo-Haupt mit „Lotte", Sabine van Waasen mit „Atli vom Waldhof" und „Ljósfari von Brickelnfeld" und Sara Schulze mit „Spieler".

Zu guter Letzt danke ich jedem, der dieses Buch aufmerksam liest und damit die Welt für die Pferde ein bisschen besser machen möchte.

TIPPS ZUM WEITERLESEN

Czarnecki, Sylvia:
It's Showtime – Zirkuslektionen.
Cadmos. Schwarzenbek 2011

Konnerth, Tanja, Teschen, Babette:
Praxiskurs Bodenarbeit.
Kosmos, Stuttgart 2013

Pryor, Karen:
Die Seele der Tiere erreichen.
Kosmos, Stuttgart 2010

Pryor, Karen:
Positiv bestärken – sanft erziehen.
Kosmos, Stuttgart 2006

Steigerwald, Nina:
Agility mit Pferden.
Müller Rüschlikon, Stuttgart 2015

Theby, Viviane, Frey, Katja,
Steigerwald, Nina:
Clickerfitte Pferde.
Müller Rüschlikon, Stuttgart 2015

Wendt, Marlitt:
Die Intelligenz der Pferde.
Cadmos, Schwarzenbek 2013

Wendt, Marlitt:
Im Dialog mit dem Pferd.
Cadmos, Schwarzenbek 2011

Wendt, Marlitt:
Vertrauen statt Dominanz.
Cadmos, Schwarzenbek 2010

Wendt, Marlitt:
Wie Pferde fühlen und denken.
Cadmos, Schwarzenbek 2009

STICHWORTREGISTER

Sylvia Czarnecki
IT'S SHOWTIME
Zirkuslektionen: Lernspaß für Pferd und Mensch

Zirkuslektionen sehen nicht nur gut aus, sie fördern auch das Vertrauen zwischen Pferd und Mensch, tragen zur Gymnastizierung bei und bringen Abwechslung ins Training. Das Besondere an diesem Buch: Die Autorin vertritt kein festes Ausbildungssystem, sondern beschreibt auf der Grundlage des Lernverhaltens des Pferdes sowie aus jahrelanger praktischer Erfahrung pferdegerechte Wege zur Erarbeitung von Kompliment, Liegen, Sitzen und Co.

144 Seiten, broschiert| ISBN 978-3-8404-1013-0 Auch als E-Book erhältlich

---

Gaby Klehr
KREATIVES DRESSURTRAINING
Pferde motivieren und gymnastizieren mit Trailübungen

Trailaufgaben bieten Dressurreitern abwechslungsreiche Hilfe zur Unterstützung ihrs täglichen Trainings. Hütchen, Tonnen, Stangen und Co. bieten visuelle Anregungen, die Reiter und Pferd motivieren, ihnen Orientierung bieten und damit viele Übungen erleichtern. Ob Seitengänge, Biegung und Stellung oder punktgenaue Übergänge – all das lässt sich mithilfe von Trailaufgaben spielend erarbeiten und verfeinern.

128 Seiten, broschiert
ISBN 978-3-8404-1040-6
 Auch als E-Book erhältlich

Jenny Rolfe
EINHEIT DURCH ATMUNG
Wege zur harmonischen Verbindung mit dem Pferd

Jenny Rolfe eröffnet einen anderen Blickwinkel auf die Dressur. Sie betrachtet Reiter und Pferd ganzheitlich und zeigt, wie beide durch die richtige Atmung in die Körpermitte sowie Übungen zur geistigen und körperlichen Entspannung zu einer tief gehenden Verbindung finden können, die auf Verständnis und Vertrauen fußt.

192 Seiten, gebunden
ISBN 978-3-8404-1055-0

Marlitt Wendt
WIE PFERDE FÜHLEN UDENKEN
Verhalten, Emotionen, Intelligenz

Die Welt mit Pferdeaugen sehen – wie fühlen und denken unsere Pferde? Dieses Buch beantwortet diese Frage umfassend und hilft dabei, Reaktionen und Verhalten von Pferden besser zu verstehen. Eine Chance, auf dieser Grundlage die Beziehung zum „Phänomen Pferd" neu zu definieren, sie aus der Sicht des Pferdes zu erleben und sie besser zu gestalten.

112 Seiten, gebunden
ISBN 978-3-86127-457-5
 Auch als E-Book erhältlich

Tamara Ebert
DER PFERDE-KNIGGE
Vom Rüpel zum Gentleman

Wenn Pferde schubsen, drängeln oder ständig erschrecken, kann das nicht nur nerven, sondern schnell gefährlich werden. Aber kann ein Pferd vom Rüpel zum Gentleman oder vom Angsthasen zur coolen Socke werden? Ja kann es. Und der Weg dorthin ist gar nicht so beschwerlich. Reken-Reitlehrerin Tamara Ebert erklärt leicht verständlich, wie Reiter und Pferd mit wenig Zeit, Material und Stress große Trainingsfortschritte machen können.

80 Seiten, broschiert
ISBN 978-3-8404-1517-3
 Auch als E-Book erhältlich

CADMOS www.cadmos.de

Cadmos Verlag GmbH | Röntgenstraße 24 | D-21493 Schwarzenbek | Tel. +49 (0)4151/87907-0 | Fax +49 (0)4151/87907-12